开恵さんの

わが家のとっておき韓国ごはん

藤井恵

Gakken

韓国料理は、野菜たっぷり！

ヘルシー！楽しい！おいしい！

サムギョプサルは、家族や仲間とワイワイ楽しむときにぴったりの料理。お肉だけではなく、野菜も山菜もキムチも一緒に焼いて味わいます。焼いた肉は葉野菜で巻いてパクッ。とにかく野菜がたっぷり食べられます。

サムギョプサル ➤ P.32

朝ごはんにも。
ランチにも。

韓国のおかゆと作りおきしていたナムルに、日本の納豆も添えて。消化がよく、栄養のバランスもよい理想的な朝食ができ上がりました。

ナムル ➤ P.12～
あわびがゆ ➤ P.72
※写真はあさり缶でアレンジしたおかゆ

時間のないときは冷蔵庫にあるものをご飯にのせて、即席ビビンパに。残っているナムルにベビーリーフ、ツナやさけフレークをのせ、コチュジャンを添えてごまをぱらり。

ナムル ➤ P.12～

20年目の実感。韓国料理は、体にやさしい料理です。

はじめて韓国を旅したのは、今から20年以上前。そこで韓国料理のおいしさと奥深さに開眼し、何度も訪れるようになりました。ふだんの仕事の合間に、現地で味わった料理を自分なりにレシピにおこしては作る日々が続きました。

そんな折、長女が韓国に留学することに。娘のおかげで韓国との距離が縮まったことで、もう少ししっかり料理を学んでみたいと思うようになり、本格的な韓国料理が学べる教室に2年ほど通いました。家庭料理から宮廷料理、伝統的なお菓子まで幅広く教えていただきましたが、韓国の人の食べ物に対する考え方を学べたのが何よりの収穫でした。

長女はその後、韓国で就職し、韓国の男性と結婚しました。私にも韓国人の家族ができたということです。娘の夫のお母さまはキムチ作りの名人で、「キムジャン（1年分のキムチを漬ける冬の伝統行事）」にも参加させてもらいました。そこで学んだことが、この本のキムチのレシピにも生かされています。

これまでの学びや経験をもとに、私なりにレシピを再構築したのがこの本です。どの料理も「韓国風」ではなく、韓国の人たちが実際に作り、食べているレシピがもととなっています。

20年以上、韓国料理と向き合ってきて実感したことは、韓国料理は「体にやさしい」ということ。とにかく野菜をたっぷり食べる知恵が詰まっています。発酵食品も毎日のようによく食べます。キムチはその代表でしょう。なつめや高麗人参を日常的に使うなど、漢方の考え方も一般の人たちに広く浸透しています。

私にとって、20年の集大成のような1冊。皆さんもぜひ、おいしくて体にやさしい韓国料理のエッセンスを、食卓に加えてみてはいかがですか。

藤井 恵

料理を作る前に

この本に出てくる韓国食材や便利道具、韓国料理に欠かせない煮干しだしの取り方を紹介します。食材や道具は、東京・新大久保のコリアンタウンやネットショップなどで購入できます。

揃えておきたい韓国食材

えごま油
シソ科のえごまの種子をしぼった油。ごま油よりもさらっとしたクセのない香りが特徴。オメガ3脂肪酸が豊富に含まれるため、血液サラサラ効果や脳の健康効果が期待される。

魚醤
韓国の魚醤はおもにいわしを原料としたものが多いが、アミノ酸などのうまみ調味料を添加しているものも。この本では、おもに化学調味料無添加の日本のしょっつるやいしるを使用している。

コチュジャン
炊いた米、みそ、唐辛子などを混ぜ、熟成させた万能調味料。甘辛く、発酵由来のうまみもある。食材にそのままつけたり、炒めものや煮ものの調味に使ったり、ドレッシングなどにも活用される。

えごま粉
えごまの種子を粉状にしたもの。ごまほど香りが強くなく、料理の味がまろやかになる。水で溶いてとろみづけにも。「鶏とえごまのスープ（P.48）」や「カムジャタン（P.50）」に欠かせない。

梅シロップ
韓国の料理専用のシロップ。おもに甘みづけに使われるが、ほのかに梅の風味や酸味が感じられるものも。この本では、自家製の梅シロップ（梅6:てんさい糖4の割合で漬けたもの）を使用。

粉唐辛子
韓国の唐辛子は、日本の唐辛子よりも辛さがマイルドで甘みとコクがある。家庭ではおもに粗びきと細びきの2種を常備。前者は辛みづけ、後者は色づけにと、料理に合わせて使い分ける。

サムゲタン用の漢方食材
高麗人参やなつめのほか、ウコギやクワの枝、ハリギリ、ケンポナシといった木の幹がセットになっているものも。「鶏とえごまのスープ（P.48）」や「タッカンマリ（P.56）」の鶏肉の臭み取りにも活用。

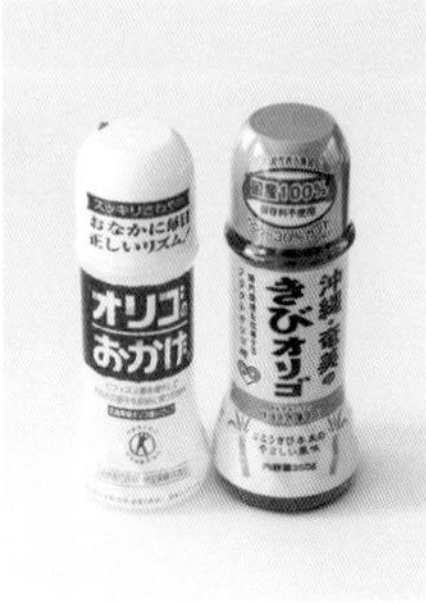

オリゴ糖
腸内のビフィズス菌のえさになり、便秘改善など健康効果が認められている。近年、韓国も健康志向が進み、以前料理に使われていた水あめよりオリゴ糖が一般化している。

あみの塩辛

アミ科の甲殻類を塩漬けして熟成。うまみが濃く、韓国では調味料として使われる。キムチのほか、「ケランチム（P.86）」などさまざまな料理のうまみづけに。冷凍すれば1年ほど保存できる。

あると便利な道具

にんにく専用
すり鉢&すりこ木

すり鉢はプラスチック製。深さがあるのでにんにくが飛び散らず、すり鉢の底の細かい凹凸でにんにくがすべらずに、楽にすりつぶせる。にんにくを多用する韓国ならではの道具。

トゥッペギ

直火にかけられる土鍋。「キムチチゲ(P.52)」や「スンドゥブチゲ(P.53)」といった鍋ものや「ケランチム(P.86)」にも。直径約14cm(2人用)、約11cm(1人用)が使いやすい。

煮干しだしの取り方

材料 ❖ 約750mℓ分

煮干し(頭とわたを取る)　30〜40g
だし昆布(10cm長さ)　1枚
水　カップ5

1　鍋に煮干しを入れて中火にかけ、パリッとするまで香ばしくいりつける。
※煮干しの生臭さが取れます。

2　昆布、分量の水を加え、煮立ったらアクを取り、弱火にして15分煮る。

3　ざるにキッチンペーパーを重ね、こす。
※冷蔵で4〜5日保存可。

目次

野菜料理

この本の使い方

- 大さじ1＝15㎖、小さじ1＝5㎖、カップ1＝200㎖です。
- フライパンはコーティング加工を施してあるものを使用しています。
- 材料表の粉唐辛子には、「粗びき」と「細びき」まで明記していますが、どちらを使ってもかまいません。
- ことわりがない限り、塩は「自然塩」、しょうゆは「濃口しょうゆ」を使用しています。精製塩を使う場合はやや少なめに調整してください。
- ことわりがない限り、砂糖は「きび砂糖」、油は「太白ごま油」を使用していますが、ふだん使っているものでかまいません。

野菜料理

韓国の人は野菜を食べるのが本当に上手。野菜が足りていない、と感じたら、
ふだんの献立に韓国料理を1品取り入れてみませんか。

ナムル

P.11

どんな野菜もおいしく食べられる定番料理。
多めに作っておけば、朝ごはんやランチ、お弁当に大活躍します。

キムチ

P.20

韓国を代表する発酵食品。乳酸菌の力で、おいしさアップ。
体にいい成分も増します。

野菜で包む

P.26

韓国語で【サム】とは「包む」という意味。
お刺し身も焼き肉も野菜でくるり。効率よく、おいしく野菜がとれます。

サラダ

P.34

野菜にドレッシングをかけるのではなく、和えるのが韓国式。
白いご飯にもよく合います。

야채 요리

ナムル

2大ナムルを作る

日本にもすっかり定着しているナムルですが、じつは奥が深い料理。
野菜が違えばレシピも異なるって、知っていましたか。
本当においしいナムルの作り方をご紹介します。

豆もやしのナムル

もやしの食感と豆のうまみ、
ほどよい塩けが後を引く、
人気ナンバー1ナムル。
もやしを少ない水で「蒸し煮」にするのが、
水っぽくならないコツです。

材料 ❖ 作りやすい分量
豆もやし　2袋(400g)
A　塩　小さじ1
　　水　カップ1
B　えごま油(またはごま油)
　　　小さじ2
　　しょうゆ　小さじ1

1　豆もやしは根を取り除いてさっと洗い、水に2〜3分浸す。

2　鍋に水けをきったもやしとAを入れる。

3　ふたをして強火にかけ、煮立ったら強めの中火にし、5分ほど蒸し煮にする。

4　もやしをざるに上げ、水けをしぼって粗熱を取る。

5　ボウルにBを入れて手でよく混ぜる。

6　**5**にもやしを加えて手でよく和える。
※もやしを「ほぐす」「ボウルになすりつける」を繰り返すように和えます。

ほうれん草のナムル

やわらかいほうれん草にからんだ
にんにくの香りが食欲をそそります。
ゆでたほうれん草をしぼるときに
ギュッとやってはだめ。
繊維をこわさないようにやさしく、がポイント。

材料 ⁘ 作りやすい分量

ほうれん草　300g

A　しょうゆ　大さじ½
　ごま油　小さじ2
　にんにく（たたく）　小さじ½

1　ほうれん草は5㎝長さに切る。

2　鍋にたっぷりの湯を沸かし、ほうれん草を1分ほどゆでる。

3　ほうれん草を水にとり、粗熱を取ってアクを除く。

4　ほうれん草の水けをしぼる。

5　ボウルにAを入れて手でよく混ぜる。

6　**5**にほうれん草を加えて手でよく和える。
※ほうれん草を「ほぐす」「ボウルになすりつける」を繰り返すように和えます。

いろいろナムル

韓国ではいろいろな野菜をナムルにして楽しみます。
ここでは日本で手に入りやすい野菜や、韓国の人が好きな山菜や海藻のナムルをご紹介。

にんじんのナムル

にんじんは少し長めに蒸して、かたすぎずやわらかすぎずの、絶妙の歯ごたえに。
みそで味つけすることで、にんじんの甘みが引き立ちます。

材料 ✣ 作りやすい分量
にんじん　大2本
塩　少量
A | えごま油（またはごま油）　大さじ1
　| みそ　小さじ2
　| にんにく（たたく）　小さじ½

1　にんじんは5〜6cm長さの細切りにする。
2　鍋ににんじん、塩、水大さじ2を入れて混ぜ、ふたをして強火にかける。ふつふつとしてきたら弱火にして3〜4分蒸し、ざるに上げて水けをきり、粗熱を取る。
3　ボウルにAを入れて手でよく混ぜ、にんじんを加えて手でよく和える。

きのこのナムル

下ゆでのときに塩味をつけるのが、他の食材との大きな違い。こうすることで中まで味が入り、余分な水分も抜けて、プリプリこりこりの食感に。

材料 ✤ 作りやすい分量

しめじ　大1パック（200g）
ひらたけ　1パック（100g）
しいたけ　1パック（100g）
A｜水　カップ2½
　｜塩　大さじ1
B｜ごま油　大さじ1
　｜すり白ごま　小さじ2
　｜長ねぎ（みじん切り）　3cm分
　｜にんにく（たたく）　小さじ½

1　しめじ、ひらたけは小房に分ける。しいたけは石づきを切り落とし、4つ割りにする。
2　鍋にAを入れて中火で煮立て、1のきのこをさっとゆでる。ざるに上げて水けをきり、粗熱を取る。
3　ボウルにBを入れて手でよく混ぜ、きのこを加えて手でよく和える。

なすのナムル

なすはゆでずに蒸すと、水っぽくなりません。
電子レンジで加熱してもよいですが、鍋のほうが皮がやわらかく蒸し上がります。

材料 ✤ 作りやすい分量

なす　4本
A｜ごま油　大さじ1
　｜しょうゆ　大さじ1
　｜すり白ごま　大さじ1
　｜粉唐辛子（粗びき）　小さじ½
　｜塩　小さじ¼
　｜長ねぎ（みじん切り）　3cm分
　｜にんにく（たたく）　小さじ1

1　なすはがくを切り落とし、縦半分に切る。
2　水少量を入れた鍋に蒸し皿を入れ、なすを並べて強火で5分ほど蒸し、粗熱を取る。
3　なすはそれぞれ縦に4〜5等分に割く。
4　ボウルにAを入れて手でよく混ぜ、なすを加えて手でよく和える。

大根のナムル

大根を炒めてから蒸すことで、しっとりミルキーな口当たりに。塩麹を使うと塩分がおさえられ、うまみもアップ。塩で作る場合は小さじ⅓に。

材料 ✣ 作りやすい分量

大根　300g

A
- ごま油　大さじ½
- 塩麹　大さじ½
- にんにく（たたく）　小さじ½

すり白ごま　小さじ1

1　大根は皮をむいて5〜6㎝長さ、5㎜幅の棒状に切る。

2　鍋にAと大根を入れて手でよく混ぜる。中火にかけてさっと炒め、ふたをして2分ほど蒸す。

3　ふたを取って水けがとぶまでいりつけ、ごまを散らす。

茎わかめのナムル

コリコリと口の中に響く、小気味よい歯ごたえが持ち味。茎わかめはなるべく細く割くほうが食べやすさがアップします。

材料 ✣ 作りやすい分量

茎わかめ（塩蔵）　150g

A
- ごま油　大さじ1
- 水　大さじ1
- 塩　少量
- にんにく（たたく）　小さじ½

1　茎わかめはよくもみ洗いをし、たっぷりの水に1時間ほど浸す（塩けが少し残るくらいまで）。水けをきり、食べやすいように細めに割き（a）、5〜6㎝長さに切る。

2　鍋にAを入れて手でよく混ぜ、茎わかめを加えて手で和え、ふたをして中火にかける。ふつふつとしてきたらふたを取り、水けがとぶまでいりつける。

a

わらびのナムル

シャキシャキの食感が楽しいナムル。
砂糖を加えて少し甘めの味つけに。
わらびの素朴なおいしさが際立ちます。

材料 ❖ 作りやすい分量
わらび水煮　300g
A｜ごま油　大さじ½
｜しょうゆ　小さじ2
｜砂糖　小さじ1
｜にんにく（たたく）　小さじ½
すり白ごま　小さじ2

1　わらびは5〜6cm長さに切る。
2　鍋にAを入れて手で混ぜる。わらびを加えて手でよく混ぜ、2〜3分おく。
3　**2**の鍋を強火にかけ、水けがとぶまでいりつけ、ごまを加えて和える。

ズッキーニのナムル

蒸し煮のあとに火を止めて蒸らす。
このひと手間でジューシーに仕上がります。
あみの塩辛はズッキーニと最高に相性がよいので、ぜひ加えて。

材料 ❖ 作りやすい分量
ズッキーニ　小2本（400g）
A｜ごま油　大さじ½
｜水　大さじ½
｜あみの塩辛　小さじ1
｜塩　少量
｜にんにく（たたく）　小さじ½

1　ズッキーニは7mm幅の輪切りにする。
2　鍋にズッキーニとAを入れて手でよく混ぜ、5分ほどおく。
3　**2**の鍋にふたをして中火にかけ、ふつふつとしてきたら3〜4分蒸し煮にする。火を止め、そのまま蒸らす。
4　ふたを取って再び中火にかけ、水けがとぶまでいりつける。

ナムルで一品

さまざまな料理に応用できるのも、ナムルのいいところ。
この本のレシピ通りでなくても、冷蔵庫にあるナムルでアレンジ可能です。
そのままの味とは異なるおいしさを楽しんで。

ビビンパに ▼ 67ページ

キンパに ▼ 66ページ

ジョンに ▼ 93ページ

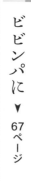

チャプチェ

春雨炒めは、韓国の定番おかず。
ナムルがあれば、時間をかけずにさっと作れます。

材料 ❖ 2〜3人分

ほうれん草のナムル（P.13参照）　70g
にんじんのナムル（P.14参照）　70g
きのこのナムル（P.15参照）　70g
韓国春雨　100g
A｜しょうゆ　大さじ½
　｜砂糖　小さじ2
　｜にんにく（すりおろす）　小さじ½
牛もも肉（焼き肉用）　50g
B※｜しょうゆ　小さじ½
　　｜みりん　小さじ½
　　｜にんにく（すりおろす）　小さじ½
油　小さじ1
ごま油　少量
※万能だれ（P.62参照）大さじ½でも可。

1　韓国春雨は水に30分ほどさらす。鍋に湯を沸かし、春雨を表示時間通りにゆで、水にとって冷まし、食べやすい長さに切る。Aをからめる。
2　牛肉は細切りにし、Bをもみ込む。
3　フライパンに油を中火で熱し、牛肉をいりつけ、ボウルに入れる。
4　**3**のフライパンに春雨を入れて中火でいりつけ、**3**のボウルに加える。
5　**4**にナムル、ごま油を加えて和える。

ケランマリ

ケランマリとは韓国の卵焼きのこと。
ナムルを加えることで、彩りよくヘルシーな一品に。

材料 ❖ 2〜3人分

にんじんのナムル（P.14参照）　50g
ズッキーニのナムル（P.17参照）　50g
小ねぎ　4本
卵　4個
塩麹　小さじ⅓
油　適量

1　ナムルは粗く刻む。小ねぎは小口切りにする。
2　ボウルに卵を割りほぐし、塩麹、**1**を加えて混ぜる。
3　卵焼き器に油少量をキッチンペーパーで広げ、強めの中火で熱し、**2**の卵液の¼量を流し入れて広げる。上面が半熟状に焼けてきたら奥から手前に巻き、巻き終わったら卵焼き器の向こう側に寄せる。
4　再び油少量を卵焼き器全体に広げ、卵液⅓量を流し入れて広げる。上面が半熟状に焼けてきたら向こう側に寄せた卵を軸にし、奥から手前に巻く。同様にあと2回焼く。
5　食べやすい幅に切り、器に盛る。

キムチ

王道の白菜キムチを作る

現地で教わった漬け方をもとに、より作りやすくアレンジしました。
手作りすれば、手間をかけただけおいしさもひとしお。
「キムチの素」は長期間保存がきくので、思い立ったら何度も仕込めます。

白菜の下ごしらえ

材料 ✣ 作りやすい分量

白菜　½株（1.5kg）

塩A　ひとつかみ

塩B　45g（白菜の重量の3%）

1　白菜は縦半分に切り、切り口を上にしてざるなどにのせ、1〜2時間おく（日に当てるとよい）。

※切ってしばらく放置することで、葉と葉の間が広がり、このあとの作業がしやすくなります。

2　大きめのボウルや鍋に水3ℓ、塩Aを入れ、白菜を2〜4分浸す（写真の鍋は直径26㎝）。白菜全体が浸せないときは、1〜2分浸したら上下を返し、さらに1〜2分浸す。

※塩水に浸すことで白菜の葉がはがれやすくなり、塩漬けの際に塩が全体にまわりやすくなります。

3　浸した塩水で白菜をふり洗いして、葉と葉の間に水をゆき渡らせる。

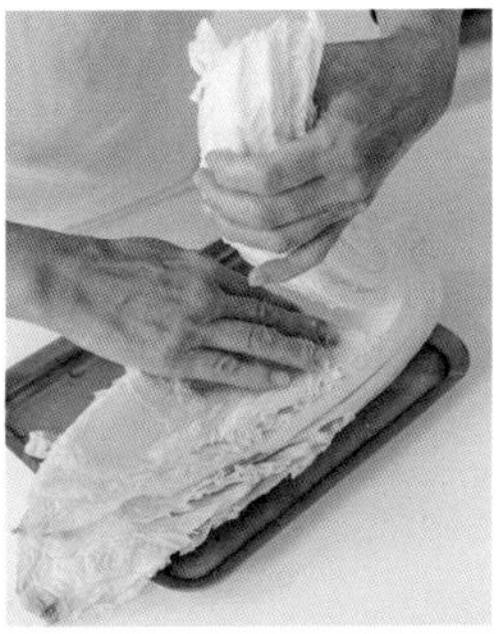

4　白菜の水けはふかず、葉を1枚ずつめくり、芯のほうに塩Bをふって葉全体にすり込む。

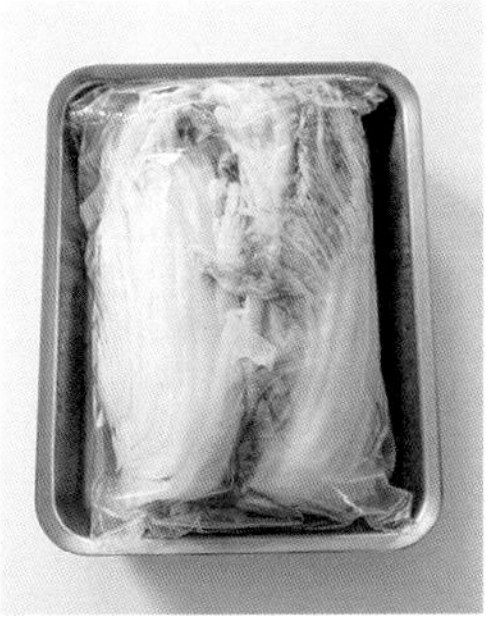

5　大きめのジッパーつき保存袋に白菜を詰め込み、3kg（白菜の2倍の重量）の重しをして15時間ほどおく。

6　白菜を水洗いし、切り口を下にしてざるにのせ、3〜4時間おいて水けをきる。

※ここで白菜の水けをしぼるとおいしさが半減するので、自然にぽたぽたと水けが落ちるのを待ちましょう。

キムチの素を作る

材料 ✣ 作りやすい分量
あみの塩辛　カップ½
魚醤　カップ½
白玉粉　大さじ1
水　カップ½
梨(またはりんご。皮をむく)
　½個
にんにく　4かけ
しょうが　1かけ
梅シロップ
　(煮切った梅酒でも可)
　大さじ3
粉唐辛子(細びき)
　カップ2
煮干し
　(頭とわたを取る)　30g

7　鍋に白玉粉を入れ、分量の水を注ぎながら混ぜて溶かす。中火にかけて混ぜながら煮立たせ、とろりとしたら火を止め、冷ます。
※白玉粉と水で作る「のり」は、キムチの発酵を促進させるための、いわば「えさ」のようなもの。米1:水5で炊いた全がゆカップ½でもOK。

8　梨、にんにく、しょうがは大まかに切り、粉唐辛子を除くキムチの素の材料をミキサー、またはフードプロセッサーにかける。ボウルに移し、粉唐辛子を混ぜる。
※でき上がりの分量は約700g。冷凍で1年ほどもちます。

漬ける

材料 ✣ 白菜の塩漬け½株分
わけぎ　50g
せり　50g
大根　450g
キムチの素　¼量(175g)

9　わけぎは小口切りにする。せりは葉を摘み、茎は1cm幅に切る。大根は皮つきのまま細切りにする。大根とキムチの素をボウルに入れ、まんべんなく混ぜる。せり、わけぎも加えてよく混ぜる。
※混ぜるときはにおいが手につかないよう、ビニール製の手袋をはめて行います。

○半端な白菜の葉に包んで味見を。

フレッシュな状態も
おいしい!

10 白菜の塩漬けを1枚ずつめくり、芯のほうに**9**をのせ、葉全体に塗り込む。
※味がしみ込みにくい芯のほうに多めに塗り込みます。

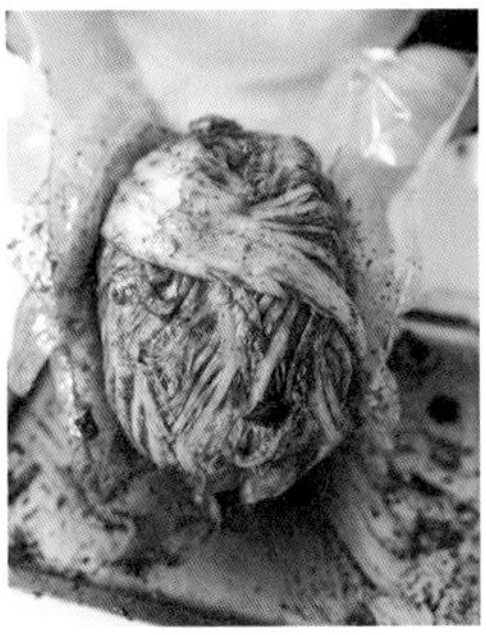

11 **10**の白菜を丸める。一番外側の葉でくるむようにまとめるとよい。

12 大きめのジッパーつき保存袋に詰め、空気を抜いて口を閉じる。1～2日室温におき、発酵してきたら冷蔵室に移す。
※夏はすぐに冷蔵室に入れます。冷蔵庫内のにおい移り防止に、袋は二重にするとよいでしょう。

でき上がり

写真は漬けてから1週間ほど経った状態。乳酸発酵により炭酸ガスが発生し、袋がふくらんでいる。
※低温の冷蔵室なら、半年ほど冷蔵保存できます。定期的に袋から炭酸ガスを抜き、取り出すときは腐敗しないように、清潔な手や箸で取り出しましょう。

キムチの素を使って

きゅうりの即席キムチ

材料 ❖ 作りやすい分量
きゅうり　3本
塩　小さじ1
キムチの素（P.22参照）　大さじ2

1　きゅうりは縦半分に切り、2㎝幅に切る。塩をまぶして30分ほどおく。
2　きゅうりの水けをふき、キムチの素で和える。
※冷蔵で1週間保存可。

いろいろキムチ

白菜キムチ以外にも、韓国ではいろいろなキムチが楽しまれています。
ここでは、時間も手間もかからないえごまのキムチと、
漬け汁まで味わい深い水キムチをご紹介。

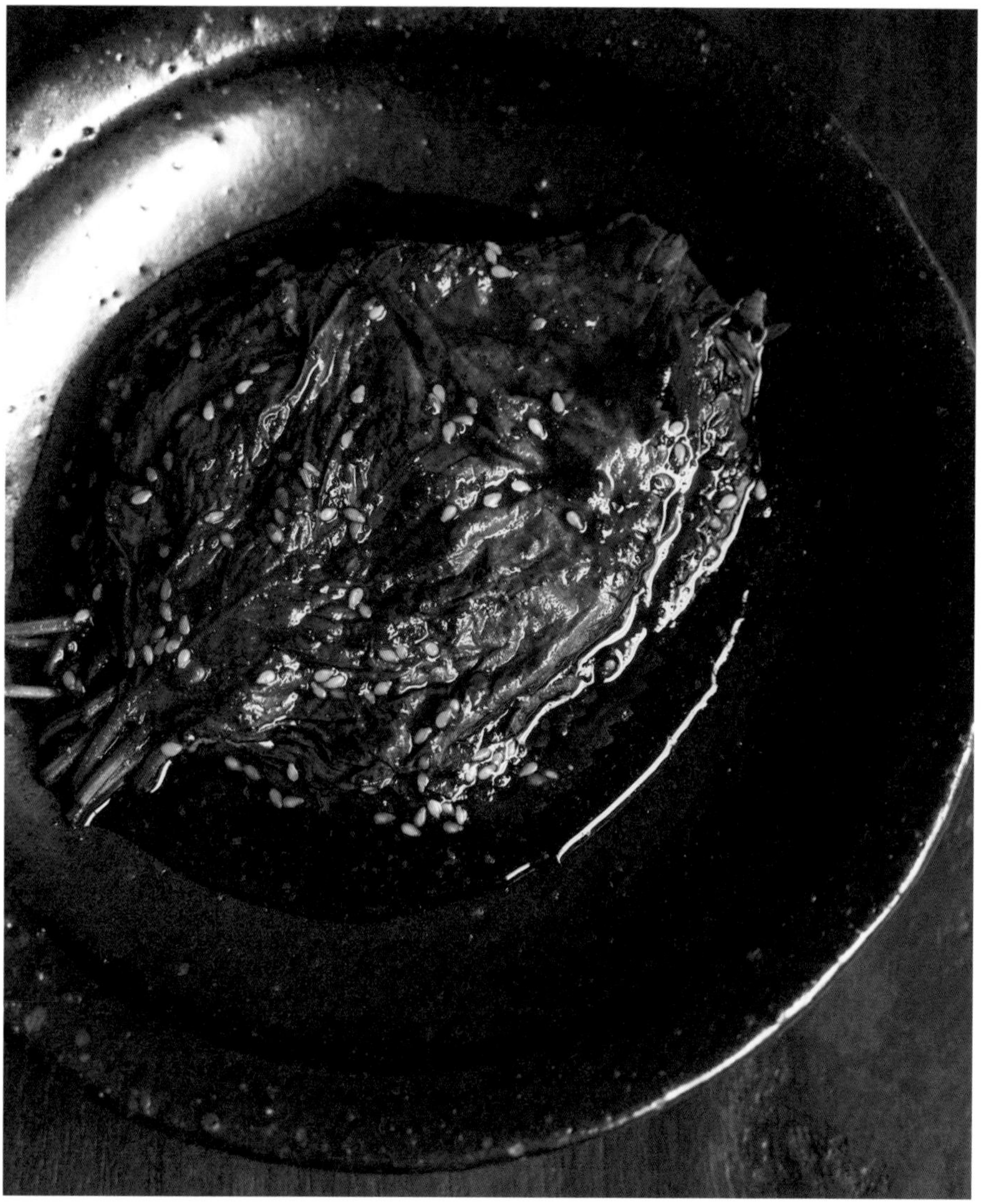

えごまのキムチ

漬けてすぐでも、ひと晩おいても、それぞれに良さがあります。
白いご飯を巻いたり、お酒のおつまみにそのまま食べたり、食べ方も自由に。

材料 ✣ 作りやすい分量

えごまの葉　40枚

A
- しょうゆ　大さじ3
- 水　大さじ1½
- 粉唐辛子（細びき）　大さじ1
- いり白ごま　大さじ1
- 砂糖　大さじ½
- にんにく（すりおろす）　小さじ1

1　Aはよく混ぜる。

2　えごまの葉1枚ずつにA小さじ½ずつを塗り重ねる（a）。

※冷蔵で2〜3日保存可。できたてもおいしい。

a

水キムチ

材料 ⁘ 作りやすい分量

大根　500g
塩　大さじ½
（7.5g・大根の重量の1.5%）

A
- 大根　100g
- 梨（またはりんご。皮をむく）　100g
- 玉ねぎ　50g
- にんにく　1かけ
- しょうが　½かけ
- 水　カップ3
- 梅シロップ（煮切った梅酒でも可）　大さじ2
- あみの塩辛　小さじ2
- 塩　小さじ1

ゆず（またはレモン。輪切り）　2枚

乳酸発酵によるほどよい酸味が魅力。漬け汁には材料の野菜や果物、あみの塩辛のうまみが溶け込んでいるので、大根と一緒にぜひ味わって。

1　Aの大根、梨、玉ねぎ、にんにく、しょうがはざく切りにし、Aのすべての材料をミキサー、またはフードプロセッサーにかけてよく混ぜる。そのまま1時間ほどおいて落ち着かせ、キッチンペーパーを重ねたざるでこす。

2　大根は皮をむいて2.5〜3㎝四方の色紙切りにする。塩をまぶして30分ほどおく。

3　大根の水けをふき、ジッパーつき保存袋や密閉できる容器に入れ、**1**の漬け汁を注ぐ。1〜2日室温におき、細かい泡が出て、すっぱい香りがしてきたら冷蔵室に移す（夏はすぐに冷蔵室に入れる）。

4　漬け汁ごと器に盛り、ゆずの輪切りをのせる。

※冷蔵で1か月保存可。発酵して酸味が出てくる3〜4日後が食べごろですが、できたてもおいしい。

野菜で包む

お刺し身盛り合わせ

韓国の海辺の町で食べて、感動した一品です。
酸味のある「チョコチュジャン（チョとは酢の意味）」が
あっさりとした刺し身にコクを与えます。
のりととびこを一緒に葉野菜で包むのが韓国風。
いろいろなおいしさが混ざり合い、口の中に広がります。

くるりと包んで！

材料 ✣ 2人分

好みの刺し身（たい、ひらめ、いか、ゆでたこなど）　200g
とびこ　30g
焼きのり（全形）　4枚
サンチュ　12枚
えごまの葉　12枚
サニーレタス　適量
チョコチュジャン
　コチュジャン　大さじ2
　レモン汁　大さじ1½
　砂糖　大さじ1
　すり白ごま　大さじ½
　にんにく（すりおろす）　小さじ½
わさびしょうゆ　適量

1　刺し身は薄切りにする。焼きのりは4等分に切る。チョコチュジャンの材料を混ぜる。

2　器に刺し身ととびこを盛り合わせ、サンチュ、えごまの葉、サニーレタス、のり、チョコチュジャン、わさびしょうゆを添える。

食べ方 ✣ 葉野菜の上に好みの刺し身をのせて包む。味つけはチョコチュジャンでも、わさびしょうゆでも。野菜にのりをのせたり、とびこをトッピングしても。

プルコギ

りんごの甘みがきいたたれがおいしさのポイント。

肉がかたくならないように強火で手早く炒めて、汁けをとばします。

牛肉が少し脂っこくても、えごまの葉や春菊のさわやかな香りがマスキングしてくれます。後味もさっぱり!

材料 ✣ 2人分

牛切り落とし肉　300g
玉ねぎ　½個
A※
- しょうゆ　大さじ1½
- 砂糖　大さじ1
- 酒　大さじ1
- にんにく(すりおろす)　小さじ1
- しょうが(すりおろす)　小さじ1
- 玉ねぎ(すりおろす)　⅒個分
- りんご(すりおろす)　⅒個分

ごま油　大さじ1
サンチュ　12枚
えごまの葉　12枚
サニーレタス　適量
春菊　50g
甘長唐辛子　4本

※万能だれ(P.62参照)大さじ3でも可。

a

1　玉ねぎは5㎜幅のくし形に切る。春菊は食べやすく葉を摘む。**A**はよく混ぜる。

2　フライパンに**A**とごま油を入れて混ぜ、牛肉を加えてもみ込み、10分ほどおく。

3　**2**に玉ねぎを加えて強火にかけ、牛肉に火が通るまでいりつける(a)。

4　器に**3**のプルコギを盛り、サンチュ、えごまの葉、サニーレタス、春菊、甘長唐辛子を添える。

食べ方 ✣ 葉野菜の上にプルコギをのせて包む。甘長唐辛子は包んだりかじったり、お好みで。

ポッサム

ポッサムとは「ゆで豚の葉野菜包み」のこと。
豚肉はみそとローリエを加えた湯でゆでると、香りがよくなり、
うまみも逃しません。インスタントコーヒーは色づけの役目。
なければ入れなくても大丈夫です。
葉野菜は好みのものでかまいませんが、
口直しには大根の甘酢漬けを。ポッサムの相棒である
大根のキムチだけは、欠かさず添えてください。

材料 ✣ 2〜3人分

豚肩ロースかたまり肉　400g

A
- 水　カップ5
- みそ　大さじ2
- 酒　大さじ2
- ローリエ　1枚
- にんにく　1かけ
- 昆布(5cm四方)　1枚
- 煮干し(頭とわたを取る)　5尾
- あればインスタントコーヒー(顆粒)小さじ1
- あればシナモンスティック　1本

たれ
- あみの塩辛　小さじ1
- 魚醤　小さじ1
- オリゴ糖　小さじ1
- にんにく(すりおろす)　小さじ½

サンチュ　12枚

えごまの葉　12枚

サニーレタス　適量

甘長唐辛子　4〜6本

好みで
- 即席大根キムチ(P.31参照)　適量
- 大根の甘酢漬け(P.31参照)　適量

1　豚肉は室温に30分ほどおく。直径18cmほどの鍋にAを入れて混ぜ、強火にかける。煮立ったら豚肉を入れ、再び煮立ったら弱火にして30分ほど煮る。火を止め、そのまま30分ほどおく。

2　たれの材料はよく混ぜる。

3　1のゆで豚を3mm幅の薄切りにし、器に盛る。サンチュ、えごまの葉、サニーレタス、甘長唐辛子、たれを添える。好みで大根キムチや大根の甘酢漬けも添える。

食べ方 ✣ 葉野菜の上にゆで豚をのせて包む。好みで大根キムチや大根の甘酢漬けも一緒に包み、たれをつけて食べる。甘長唐辛子は包んだりかじったり、お好みで。

ポッサムに添えたい漬けもの

大根の甘酢漬け

材料 ✣ 作りやすい分量

大根　300g

A
- 砂糖　大さじ3
- 酢　大さじ3
- 水　大さじ3
- 粉辛子　小さじ1
- 塩　小さじ½

1　大根は皮をむいてごく薄い輪切りにする。

2　Aをよく混ぜ、大根を30分ほど漬ける。

即席大根キムチ

材料 ✣ 作りやすい分量

大根　300g

砂糖　小さじ2

キムチの素（P.22参照）　大さじ3

1　大根は皮つきのまま、5cm長さの細切りにする。砂糖をまぶし、30分ほどおく。

2　キムチの素で**1**を和える。

せりやキムチも
温めて

のせて包んで！

たれはお好みで

サムギョプサル

豚の三枚肉の焼き肉は、韓国の国民的料理。
お肉と一緒に野菜やキムチも焼いて
好みのたれをつけて、自由に楽しみます。
みそだれや塩だれが定番ですが、
最近は日本のすき焼き味のたれも人気。
焼いた肉にきな粉をまぶすと、
脂っこさがおさえられ、香ばしい味になります。
サムギョプサルには、必ずパジョリも添えて。
31ページの大根の甘酢漬けもよく合います。

材料 ❖ 2〜3人分
豚バラ薄切り肉　300g
サンチュ　12枚
えごまの葉　12枚
せり　100g
わらび水煮　100g
にんにく　3かけ
白菜キムチ　適量
みそだれ
- みそ　大さじ2
- コチュジャン　小さじ2
- ごま油　小さじ2
- すり白ごま　大さじ½
- 長ねぎ（みじん切り）　3cm分
- にんにく（すりおろす）　小さじ½

塩だれ
- ごま油　大さじ1
- 塩　小さじ⅓
- 粗びき黒こしょう　小さじ⅓

すき焼きだれ
- しょうゆ　大さじ2
- 砂糖　大さじ1
- みりん　大さじ1
- ごま油　小さじ1
- 卵黄　1個分
- 小ねぎ（小口切り）　1本分

きな粉　大さじ2
パジョリ　適量

1　せり、わらび水煮は食べやすい長さに切る。にんにくは縦半分に切る。みそだれ、塩だれの材料はよく混ぜる。
2　すき焼きだれのしょうゆ、砂糖、みりんを小鍋に入れ、強火にかける。ひと煮立ちしたら火を止め、冷ます。器に入れ、ごま油、卵黄、小ねぎを加える。
3　ホットプレートやフライパンなどを強火で熱し、豚肉、にんにくを焼く（豚肉が長ければ、キッチンばさみで焼きやすい長さに切る）。白菜キムチ、せり、わらびも適量を温める。

食べ方 ❖ 葉野菜の上に焼き肉をのせ、温めたキムチやせり、わらびなどものせる。好みでパジョリものせて包み、好みのたれやきな粉をつけて食べる。

サムギョプサルに添えたいサラダ

パジョリ（ねぎサラダ）

材料 ❖ 作りやすい分量
長ねぎ　1本
A
- 粉唐辛子（粗びき）　大さじ½
- ごま油　小さじ1
- 塩　少量
- すり白ごま　大さじ½

1　長ねぎは縦半分に切り、斜め薄切りにする。水にさらし、しっかりと水けをきる。
2　Aを混ぜ、ねぎを和える。

サラダ

チョレギサラダ

韓国版グリーンサラダです。酢、しょうゆ、ごま油、唐辛子、砂糖などを混ぜたドレッシングで野菜をやさしく和えます。
空気を含ませるようにふわっと和えるのがコツ。

材料 ✤ 2人分
サニーレタス　4枚
きゅうり　1本
玉ねぎ　¼個
わかめ（塩蔵）　20g
A｜ごま油　小さじ2
｜しょうゆ　小さじ1
｜酢　小さじ1
｜砂糖　小さじ½
｜粉唐辛子（粗びき）　小さじ1
｜すり白ごま　小さじ1
あればせりの葉　適量

1　サニーレタスはひと口大にちぎる。きゅうりは縦半分に切り、斜め薄切りにする。玉ねぎは薄切りにする。わかめはさっと洗い、たっぷりの水に5分ほど浸してもどし、3cm長さに切る。
2　ボウルに**A**を入れてよく混ぜ、**1**を和える。器に盛り、あればせりの葉をのせる。

蒸しなすのサラダ

ふっくらと蒸したなすが主役。にんにくや唐辛子を加えない、
さっぱりとしたドレッシングで和え、
なすそのもののおいしさを味わいます。

材料 ✤ 2人分
なす　3本
玉ねぎ　¼個
赤パプリカ　1個
A｜しょうゆ　小さじ2
｜ごま油　小さじ2
｜酢　小さじ1
｜砂糖　小さじ½
｜塩　少量

1　なすは縦半分に切り、蒸気の上がった蒸し器で5〜6分蒸す。ざるに並べて冷まし、食べやすく割く。玉ねぎは薄切りにする。パプリカは細切りにする。
2　ボウルに**A**を入れてよく混ぜ、玉ねぎ、パプリカ、なすの順に加え、そのつど和える。

ボイルほたてのサラダ

本場では激辛味なのですが、辛みに弱い日本人向けに唐辛子の量を控えました。
ほたてはそのまま使わず、下味をつけるのがおいしさの鍵。
野菜とよ～く和えてめし上がれ。

材料 ✣ 2人分

ボイルほたて　150g
キャベツ　2枚
きゅうり　1本
玉ねぎ　¼個
にんじん　⅓本
えごまの葉　3枚
A｜しょうゆ　小さじ1
　｜砂糖　小さじ½
　｜酒　小さじ½
ごま油　小さじ1
B｜コチュジャン　大さじ2
　｜白ワインビネガー　大さじ2
　｜砂糖　大さじ½
　｜粉唐辛子（細びき）　小さじ1
　｜にんにく（たたく）　小さじ½
　｜りんご（または梨。皮をむいてすりおろす）　⅛個分

1　小鍋にAを入れて強火で煮立て、ボイルほたてを入れてさっと煮る（a）。

2　キャベツはせん切りにする。きゅうりは斜め薄切りにして、せん切りにする。玉ねぎは薄切りにする。にんじんはせん切りにする。えごまの葉は細切りにする。

3　キャベツ、きゅうり、玉ねぎ、にんじんを合わせ、ごま油をからめる。

4　ボウルにBを入れて混ぜ、**1**、**3**を和える。器に盛り、えごまの葉をのせる。

a

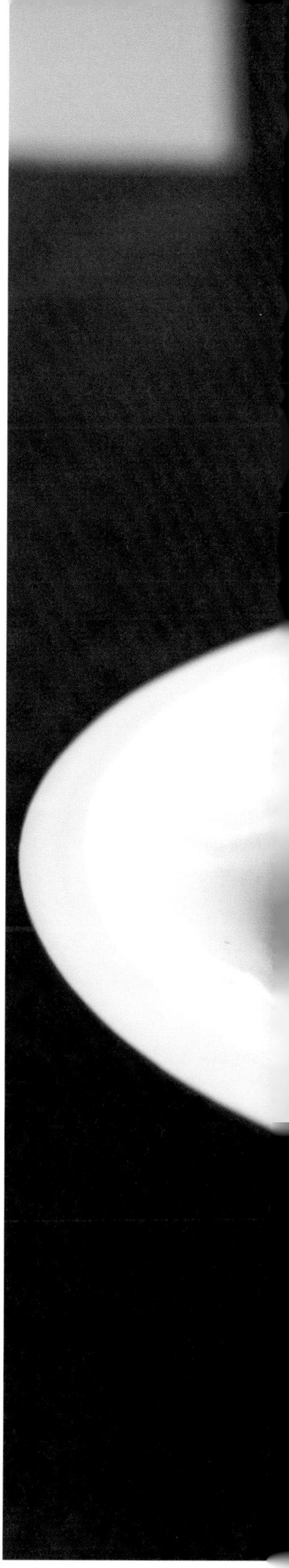

くらげのサラダ

コリコリした食感がクセになるサラダ。
韓国では、お正月をはじめ、特別なときにくらげを食べます。
熱湯でゆでるとくらげがちぢれてしまうので、
湯の温度には気をつけて。

材料 ⁘ 2人分

くらげ(塩蔵)　150g
紫玉ねぎ　¼個
紫キャベツ　150g

A
- 砂糖　小さじ1
- 酢　小さじ1

B
- 酢　小さじ2
- 油　小さじ2
- 練り辛子　小さじ1
- 砂糖　小さじ1
- 水　小さじ1
- 塩　小さじ¼
- しょうゆ　小さじ¼
- 梨(またはりんご。皮をむく)　⅙個
- 松の実　大さじ2

1　くらげは表示通りに塩抜きをし、90℃の湯でさっとゆで(a)、ざるに上げて水けをきり、**A**をまぶす。

2　紫玉ねぎは薄切りにする。紫キャベツは4〜5㎝長さの細切りにする。

3　**B**の材料をミキサーにかけ、とろりとさせる。

4　器に**2**を盛って**1**をのせ、**3**をかける。

a

チャンアチ

韓国の常備菜を「ミッパンチャン」と呼びます。チャンアチは私が最も好きな、野菜のミッパンチャンのひとつ。新玉ねぎが出回ると必ず作ります。梅シロップを加えた甘酸っぱいしょうゆだれに漬けるだけなのですが、日が経つにつれ、玉ねぎがしんなりして、かじると玉ねぎのうまみとともに漬け汁がジュワッとしみ出します。漬け汁もおいしいので、炒めものや煮ものの味つけや、ドレッシングにして余すことなく使いきります。

材料 ✣ 作りやすい分量

新玉ねぎ　500g

にんにく　2かけ

青唐辛子　2本

A
- しょうゆ　カップ½
- 水　カップ½
- 酢　カップ¼
- 砂糖　大さじ2
- 梅シロップ（煮切った梅酒でも可）　大さじ2

1　玉ねぎは8等分のくし形に切る。にんにくは薄切りにする。青唐辛子は半分に切る。

2　ポリ袋に**1**、Aを入れて混ぜ、空気を抜いて口を閉じ、室温に2～3時間おく。

※冷蔵で2週間保存可。

スープ・鍋・煮込み

冬の寒さが厳しい韓国には、体を芯から温める料理が数多くあります。もちろん、夏に食べれば発汗作用を促し、代謝がアップ。食べたいときが作りどきです。

スープ

P.41

食材が具となり、だしとなる。韓国のスープは食材のうまみを最大限引き出すのが特徴。

鍋

P.50

唐辛子をきかせた辛いチゲから韓国式のおでんまで、現地で大人気の鍋ものばかり6品をご紹介。

煮込み

P.58

ご飯が進む甘辛味の煮もののほか、本格サムゲタンも。万能だれは、わが家の冷蔵庫に必ず常備しています。

국물, 전골, 조림

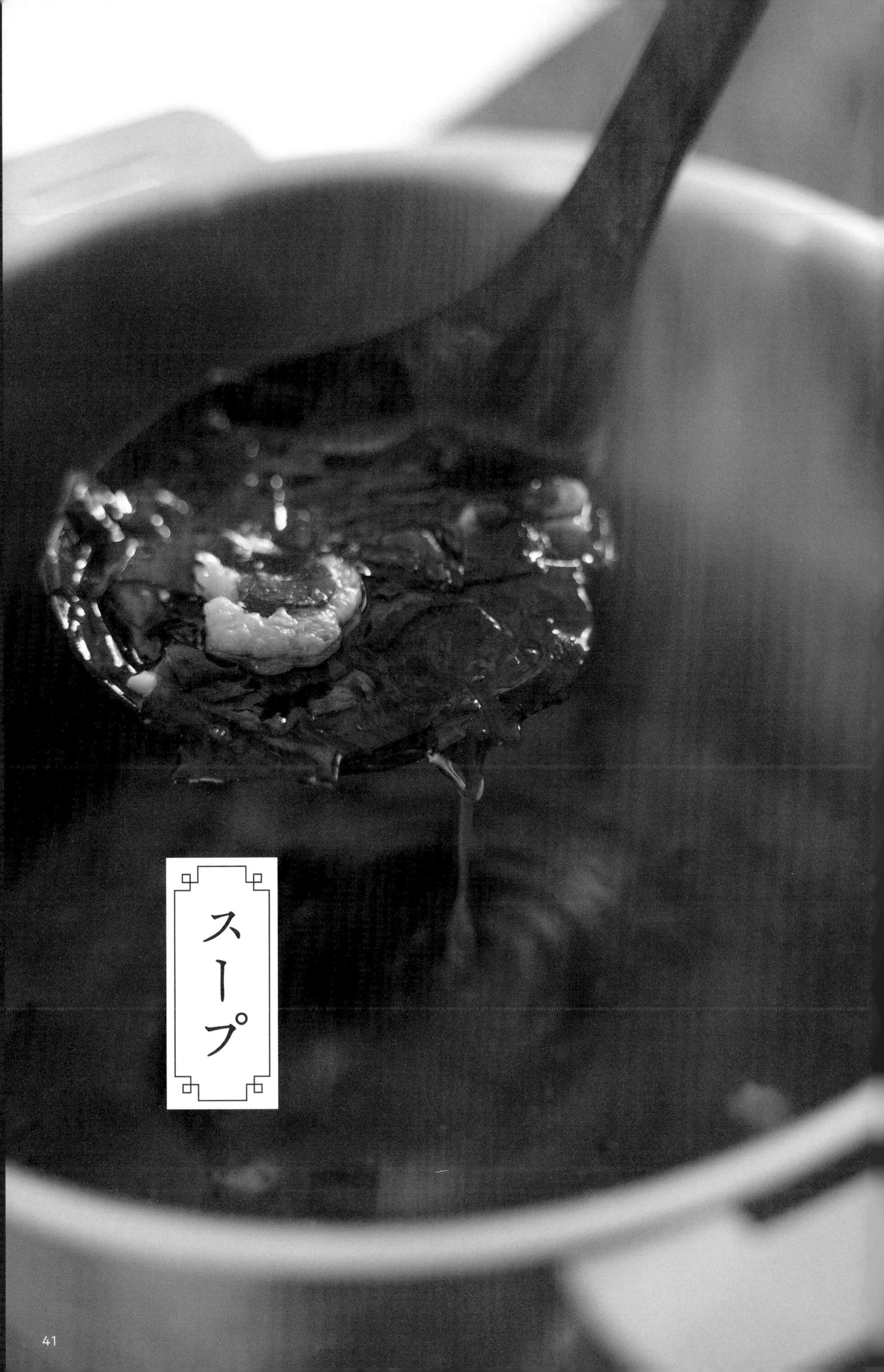

スープ

わかめスープ

ミネラル豊富なわかめを
トロトロになるまでやわらかく煮ます。
韓国では、親がわが子の誕生日に作って
1年の健康を祈り、
子は親に感謝していただく。
愛情とやさしさが詰まった、
韓国人にとって特別なスープです。

材料 ⁘ 2人分

わかめ（塩蔵） 40g

A | ごま油　大さじ½
　| 魚醤　小さじ1
　| 干しえび（またはちりめんじゃこ） 20g
　| にんにく（すりおろす） 小さじ1

水　カップ4

わけぎ（小口切り） 2本分

1　わかめはよく洗い、たっぷりの水に5分ほど浸してもどし、1cm四方に切る。
※細かく刻むことで、わかめからぬめりが出て、なめらかな口当たりに。

2　鍋に**1**のわかめ、Aを入れて手でしっかり混ぜる。
※わかめに下味をつけることで、煮てもだしがらにならず、うまみがキープできます。

3　**2**の鍋を強火にかけ、木べらでいりつけて香りを立たせる。

4　**3**の鍋に分量の水を加え、煮立ったらアクを取り除く。

5　火加減を弱火にし、15〜20分煮る。器に盛り、わけぎをのせる。

春のわかめスープ

42ページのわかめスープとは異なり、
こちらは新わかめの色と食感を楽しむスープ。
同じ時季に旬を迎えるあさりと合わせ、
春の訪れを存分に味わいましょう。

材料 ⁘ 2人分

わかめ（生、または塩蔵） 20g
あさり 200g
A｜水 カップ2½
　｜酒 大さじ2
にんにく（たたく） 小さじ1
薄口しょうゆ 小さじ1

1 わかめはよく洗い、たっぷりの水に5分ほど浸してもどし、2〜3cm長さに切る。あさりは3%の塩水（分量外）に浸して1〜2時間砂抜きをし、殻をこすり合わせながら洗う。

2 鍋にあさり、A、にんにくを入れて弱火にかけ、煮立ったらアクを取り除く。貝の殻が開いたらわかめを加え、薄口しょうゆで調味する。

豆もやしのスープ 温泉卵添え

もやしを食べるためのスープです。
まずはもやしを温泉卵にからめて味わい、
残ったスープはごまや粉唐辛子で好みの味に調整します。
白いご飯を加えてお茶漬け風にしてもおいしい。

材料 ✣ 2人分

豆もやし　1袋（200g）
水　カップ1
塩　小さじ½
A　煮干しだし（P.7参照）　カップ3
　　魚醤　小さじ1
　　塩　小さじ½
　　にんにく（たたく）　小さじ1
温泉卵　2個
長ねぎ（小口切り）　⅓本分
青唐辛子（小口切り）　4切れ
すり白ごま　大さじ2
粉唐辛子（粗びき）　小さじ1

1　豆もやしは根を取り除いてさっと洗い、水に2〜3分浸す。
2　鍋に水けをきった豆もやし、分量の水、塩を入れ、ふたをして強火にかける。煮立ったら中火にし、3〜4分蒸しゆでにし、ざるに上げて水けをきる（ゆで汁はとっておく）。
3　**2**のゆで汁に**A**を加え、ひと煮立ちさせる。
4　器に**2**のもやしを入れて**3**のスープを注ぎ、長ねぎ、青唐辛子をのせる。もやしは温泉卵にからめて食べ、ごまや唐辛子をスープにかける。

a

b

ユッケジャンスープ

牛肉に下味をつけ、しっかりなじませる。
豆もやしは蒸しゆでにしてからスープに加える。
これらのひと手間で、雑味のない奥深い味わいに。
具だくさんだから、あとは白いご飯があれば、お腹も心も満たされます。

材料 ✤ 2〜3人分

牛すねかたまり肉　300g
豆もやし　½袋(100g)
えのきたけ　1袋(100g)
わらび水煮　100g

A※
- 薄口しょうゆ　小さじ1
- 塩　小さじ½
- こしょう　少量
- 粉唐辛子(細びき)　大さじ½
- にんにく(すりおろす)　小さじ2

水　カップ5+½
塩　少量
ごま油　小さじ1

※万能だれ(P.62参照)大さじ3でも可。

1　牛肉は薄切りにする。豆もやしは根を取り除く。えのきたけは根元を切り、長さを半分に切る。わらび水煮は4cm長さに切る。

2　鍋に牛肉とAを入れて手でよく混ぜ(a)、10〜15分おく。

3　**2**の鍋を強火にかけ、肉の色がうっすら白く変わるまでいりつける(b)。分量の水カップ5を注ぎ、煮立ったらアクを取り除き、弱火にして30〜40分煮る。

4　別の鍋に豆もやし、分量の水カップ½、塩を入れ、ふたをして中火にかけ、2〜3分蒸しゆでにする。もやしをざるに上げ、水けをきる。

5　**3**の鍋にもやし、えのきたけ、わらびを加え、ふたをして弱火のまま15分ほど煮る。ふたを取り、ごま油を加える。

具だくさんでごちそう！

鶏とえごまのスープ

サムゲタン用の漢方食材と、なつめ、銀杏、しょうがのおかげで、
体の内側から浄化されるような心持ちに。
水で溶いたえごま粉がスープの味をまろやかに。とろみもつきます。

材料 ❖ 2〜3人分

鶏もも肉　1枚
鶏むね肉　1枚
にんにく　2かけ
しょうが　1かけ
銀杏　12粒
なつめ　4粒
サムゲタン用の漢方食材
（P.6参照）　50g
水　カップ6
みそ　大さじ2
A｜えごま粉　大さじ3
　｜水　大さじ3
薄口しょうゆ　少量

1　サムゲタン用の漢方食材はさっと洗い、分量の水とともに鍋に入れ、30分からひと晩おく。

2　鶏肉は50℃の湯でこすり洗いをする（P.56参照）。黄色い脂を取り除き、2、3等分に切る。

3　にんにくは縦半分に切る。しょうがは薄切りにする。銀杏は殻を取り、薄皮を取り除く。

4　**1**の鍋を強火にかけ、煮立ったら弱火にして30分ほど煮て、ざるでこす（煮汁はとっておく）。

5　**4**の煮汁カップ5を鍋に入れ（足りなければ水を足す）、みそを溶き、鶏肉、にんにく、しょうがを加えて中火にかける。煮立ったらアクを取り除き、弱火にして40〜50分煮る。

6　銀杏、なつめ、よく混ぜたAを加え、さらに10〜15分煮る。薄口しょうゆで味をととのえる。

牛肉と大根のスープ

スープをひと口すすっただけで牛すね肉とわかるほど、肉のうまみがしっかり溶け込んでいます。スープがしみたやわらかい大根もまた、しみじみおいしい。

材料 ✣ 2〜3人分

牛すねかたまり肉　300g

大根　5㎝

長ねぎ　½本

A｜しょうゆ　小さじ2

｜ごま油　大さじ1

｜にんにく（すりおろす）　大さじ½

水　カップ5

1　牛肉はひと口大の薄切りにする。大根は皮をむいて7〜8㎜厚さ3㎝四方の色紙切りにする。長ねぎは7〜8㎜幅の斜め切りにする。

2　鍋に牛肉と**A**を入れて手でよく混ぜ、10〜15分おく。

3　**2**の鍋を中火にかけ、肉の色がうっすら白く変わるまでいりつける。分量の水を注ぎ、煮立ったらアクを取り除き、弱火にして30〜40分煮る。

4　大根、長ねぎを加え、弱火のまま15〜20分煮る。

鍋

カムジャタン

現地では骨つきの背肉を使いますが、
食べごたえのあるスペアリブでアレンジ。
はじめに具を味わい、スープが煮詰まってきたら
インスタントラーメンやご飯を加えて
シメまで楽しむのが韓国式の食べ方です。

材料 ✣ 2〜3人分

豚スペアリブ　600g
じゃがいも　3〜4個
えごまの葉　6枚
A | 水　1.5ℓ
　| 白ワイン　カップ½
　| シナモンスティック　1本
　| 長ねぎ（青い部分）　1本分
　| にんにく　3かけ
　| しょうが（薄切り）　1かけ分
みそ　大さじ2
粉唐辛子（細びき）　大さじ1
B | えごま粉　大さじ3
　| 水　大さじ3

1　豚スペアリブはたっぷりの水に1時間ほど浸す（a）。

2　鍋に水けをきった**1**、Aを入れて強火にかけ、煮立ったら中火にして60〜90分ゆでる。肉がやわらかくなったら取り出し、ゆで汁をこす（ゆで汁はとっておく）。

3　じゃがいもは皮をむいて半分に切る。えごまの葉はざく切りにする。

4　鍋に**2**のゆで汁カップ5（足りなければ水を足す）、みそ、粉唐辛子を入れて溶き混ぜ、豚スペアリブ、じゃがいもを入れてふたをし、強火にかける。

5　煮立ったらBを加えて混ぜ、再びふたをして中火にし、じゃがいもがやわらかくなるまで15〜20分煮る。

6　えごまの葉をのせる。

a

キムチチゲ

チゲに使うキムチは、時間が経って酸っぱくなったものがおすすめ。
キムチの酸味とコクで、煮汁がより複雑な味に。
仕上げに加えるあみの塩辛で滋味深さがぐっと増します。

材料 ❖ 2〜3人分

豚バラ薄切り肉　100g
白菜キムチ　200g
木綿豆腐　½丁（150g）
えのきたけ　1袋（100g）
わけぎ　2本
煮干しだし（P.7参照）　カップ2

A※
- しょうゆ　小さじ1
- みりん　小さじ1
- ごま油　小さじ1
- にんにく（たたく）　小さじ½

B
- コチュジャン　小さじ2
- にんにく（たたく）　小さじ1

あみの塩辛　小さじ1

※万能だれ（P.62参照）大さじ1でも可。

1　豚肉、白菜キムチはひと口大に切る。豆腐は1㎝厚さのひと口大に切る。えのきたけは根元を切り、長さを半分に切る。わけぎは斜めに切る。

2　鍋に豚肉、Aを入れて手でよく混ぜ、中火にかけていりつける。肉の色が変わったら、キムチを加えて3分ほど炒める。

3　煮干しだし、Bを加えて10分ほど煮る。

4　豆腐、えのきたけ、わけぎの白い部分を加えて3〜4分煮る。あみの塩辛で味をととのえ、わけぎの青い部分をのせる。

スンドゥブチゲ

あさり水煮缶を缶汁ごと使うから、だしいらず。
あみの塩辛と魚醤で、味がまとまります。
韓国ではおぼろ豆腐で作りますが、私は充填豆腐を使っています。

材料 ⁘ 2〜3人分
充填豆腐　300g
あさり水煮缶　130g
シーフードミックス　100g
小ねぎ　4本
A｜粉唐辛子(細びき)　大さじ1
　｜にんにく(たたく)　大さじ½
ごま油　小さじ1
水　カップ2
あみの塩辛　小さじ1
魚醤　小さじ1

1　小ねぎは2cm長さに切る。
2　鍋にごま油、Aを入れて弱火で炒める。香りが立ったら分量の水とあさり水煮を缶汁ごと加え、あみの塩辛も加えて中火でさっと煮る。
3　豆腐をすくい入れ、シーフードミックスも加えて2〜3分煮る。
4　魚醤、小ねぎを加え、ひと煮立ちさせる。

スンドゥブチゲには、煮汁がにごりにくい充填豆腐がおすすめ。

最初はふたが
閉まらなくても大丈夫！

a

タッカルビ

野菜に鶏肉のうまみを含ませながら蒸し煮にします。
通常は平たい鉄鍋で作りますが、なければフライパンやホットプレートでも。
具が煮えたら真ん中をくぼませ、ピザ用チーズをのせて溶かせば、
「チーズタッカルビ」に。キャベツとさつまいもの素朴な甘みに感動！

材料 ✣ 2〜3人分

鶏もも肉　1枚
さつまいも　1本
キャベツ　¼個
玉ねぎ　½個
A | コチュジャン　大さじ1
　| しょうゆ　大さじ1
　| 酒　大さじ1
　| 砂糖　大さじ½
　| オリゴ糖　大さじ½
　| ごま油　大さじ½
　| にんにく（すりおろす）　大さじ½
水　カップ½
えごまの葉　10枚

1　鶏肉はひと口大に切り、Aを手でもみ込む。

2　さつまいもは皮つきのまま乱切りにし、水にさらす。キャベツは5cm角のざく切りにする。玉ねぎは1cm幅のくし形に切る。

3　浅めの鉄鍋、またはフライパンにさつまいも、玉ねぎ、キャベツを広げて入れ、**1**の肉をのせ（a）、分量の水を注いでふたをし、中火にかける。

4　煮立ってきたら具の上下を返して再びふたをし、弱めの中火にして6〜7分煮る。

5　全体を混ぜ合わせ、煮汁が煮詰まったら、えごまの葉をちぎってのせる。

タッカンマリ

本来は鶏1羽を使いますが、
作りやすいようにさまざまな部位を合わせました。
骨から出るうまみをじゃがいもが吸い込みます。
残ったスープで煮たうどんも、たまらないおいしさ。

材料 ❖ 2〜3人分

鶏もも骨つき肉　2本
鶏むね肉　1枚
鶏手羽元　4本
鶏手羽中　150g
じゃがいも　3個
長ねぎ　2本
エリンギ　2本
水　カップ6
サムゲタン用の漢方食材
（P.6参照）　50g
塩　小さじ1
酒　カップ¼
昆布（5cm四方）　1枚
たれ
　酢　大さじ3
　しょうゆ　大さじ3
にら（小口切り）　1束分
マスタード　適量

1　サムゲタン用の漢方食材はさっと洗い、分量の水とともに鍋に入れ、30分からひと晩おく。

2　鶏もも肉は軟骨から半分に切り、骨に沿って切り込みを入れる。鶏むね肉は3等分に切る。すべての鶏肉を50℃の湯でこすり洗いをし（a）、水けをふく。

3　じゃがいもは皮をむいて縦半分に切り、さっと洗って水けをふく。長ねぎは3cm長さのぶつ切りにする。エリンギは縦7〜8mm幅に切る。

4　**1**の鍋を強火にかけ、煮立ったら弱火にして30分ほど煮て、ざるでこす（煮汁はとっておく）。

5　**4**の煮汁カップ5を鍋に入れ（足りなければ水を足す）、塩、酒、昆布、鶏肉を加えて強火にかける。煮立ったらアクを取り除き、じゃがいも、長ねぎ、エリンギを加え、中火でじゃがいもがやわらかくなるまで煮る。

6　たれの材料を混ぜて器に入れ、にら、マスタードも入れ、**5**にからめて食べる。

皮がキュッとした手触りになるまでこすり洗いをします。50℃の湯で洗うと余分な脂と臭みが取れ、スープがにごりのない味に。

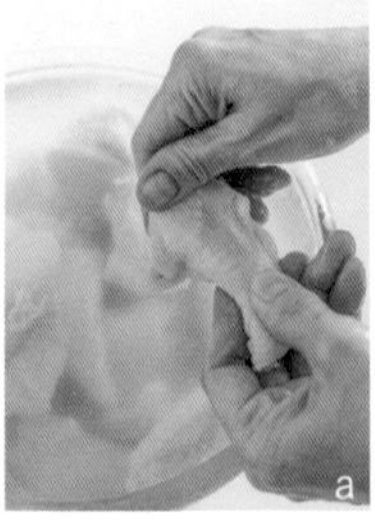

釜山おでん

煮汁にしっかり味つけするのが釜山スタイル。
練りものと一緒に野菜もたっぷり煮ます。
しょうゆだれに溶かした辛子で味がきりっと引き締まります。
シメには「トック（韓国のもち）」やうどんを。

材料 ✣ 2〜3人分

オムク（串に刺したもの）　6本
さつま揚げ　6枚
油揚げ　1枚
えのきたけ　1袋（100g）
もやし　½袋（100g）
玉ねぎ　¼個
白菜　⅛株
チンゲン菜　½株
赤唐辛子　1本

A
- 煮干しだし（P.7参照）　カップ5
- 塩　小さじ½
- 薄口しょうゆ　小さじ1

たれ
- 煮干しだし（P.7参照）　大さじ3
- 薄口しょうゆ　大さじ1

練り辛子　適量

1　オムク、さつま揚げは熱湯をかける。油揚げは熱湯をかけ、1㎝幅に切る。

2　えのきたけは根元を切ってほぐす。もやしは根を取る。玉ねぎは5㎜幅のくし形に切る。白菜は3㎝四方に切る。チンゲン菜は1枚ずつはがし、長さを半分に切る。赤唐辛子はぬるま湯でやわらかくもどす。

3　たれの材料は混ぜる。

4　鍋にAを入れて強火で煮立て、弱火にして**2**を入れて煮る。野菜に火が通ったら**1**も加えてさっと煮て、たれや辛子をつけて食べる。

オムクとは、板状に薄くのばした韓国風のさつま揚げのこと。串に刺したものやボール状など、さまざまな形状があります。

まずはお腹から
ほぐし始めます

煮上がりは
ふっくら

煮込み

サムゲタン

高麗人参、なつめ、栗、もち米などを鶏のお腹に詰めて
じっくり煮る、韓国を代表する薬膳料理。
お肉はほろりとほどけるようなやわらかさ。
骨からうまみが出ている煮汁は、白濁していてとろ～り濃厚。
漢方食材の効果で、足の先までぽかぽか温まります。

材料 ❖ 2～3人分
鶏肉（丸鶏）　小1羽（1kg）
もち米　カップ½
甘栗（むき栗）　6個
にんにく　2かけ
サムゲタン用の漢方食材
（P.6参照）　100g
水　2ℓ
塩　適量
粗びき黒こしょう　適量

塩、こしょうでめし上がれ！

全体をざっくりとほぐして

1　サムゲタン用の漢方食材はさっと洗い、なつめ、高麗人参を取り出し、残りは分量の水とともに鍋に入れ、6〜8時間おく(a)。

2　もち米は洗い、たっぷりの水に2時間以上浸す。

3　**1**の鍋を強火にかける。煮立ったら弱火にして2時間ほど煮出し、ざるでこす(煮汁はとっておく)。

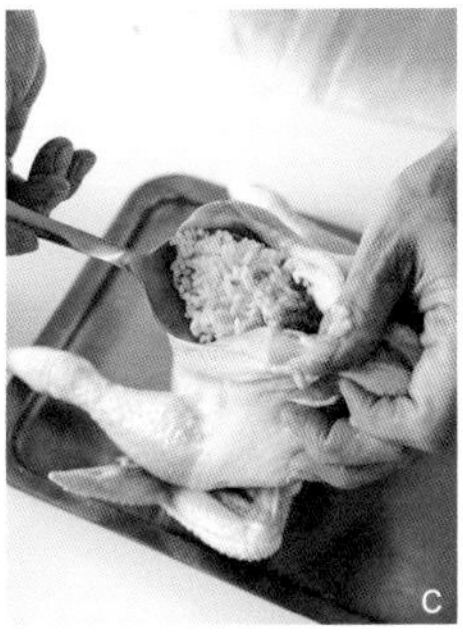
c

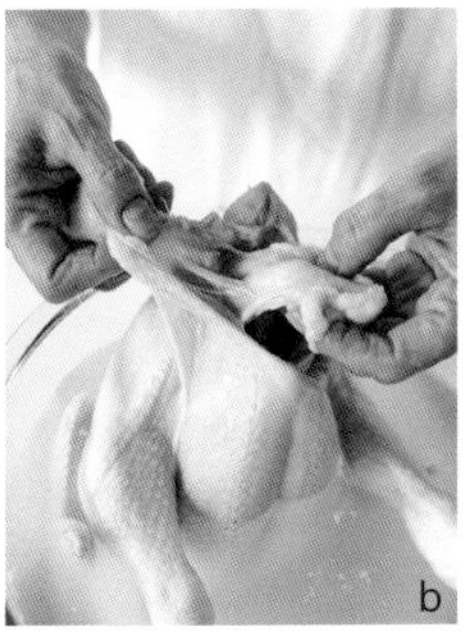
b

a

4　鶏肉は50℃の湯でこすり洗いをし、お腹の中の血のかたまりや尻の脂などを取り除く(b)。

5　鶏肉のお腹に水けをきったもち米を詰める(c)。適当な長さに切った高麗人参を詰め、なつめ、にんにく、甘栗の各半量も詰めて穴を楊枝でふさぐ。

6　直径24㎝ほどの鍋に**5**、残りのなつめ、にんにく、甘栗、**3**の煮汁、塩小さじ1を入れ、鶏肉がかぶるくらいまで水適量(分量外)を足し、強火にかける。煮立ったらアクを取り除き、弱めの中火にして90分ほど煮る。

7　鶏肉をほぐして皿に取り分け、好みで塩、こしょうをつけて食べる。

さばと大根の煮込み

調理のポイントは、合わせ調味料を2回に分けて加えること。
最初に半量をさばと大根の味つけに、
残りの調味料は後から加えて
コチュジャンや唐辛子の香りを生かします。

材料 ✣ 2人分

さば（2枚おろし）　½尾
大根　5㎝
長ねぎ（青い部分）　1本分

A
- しょうゆ　大さじ1
- 酒　大さじ1
- コチュジャン　大さじ½
- オリゴ糖　大さじ½
- 粉唐辛子（細びき）　小さじ1
- にんにく（すりおろす）　2かけ分
- しょうが（すりおろす）　1かけ分
- 玉ねぎ（すりおろす）　⅙個分

水　カップ1½
ごま油　小さじ1

1　Aはよく混ぜる。

2　さばは4等分に切り、A大さじ1をからめる。大根は皮をむいて1㎝厚さの半月切りにする。長ねぎは7〜8㎜幅の斜め切りにする。

3　鍋に大根、分量の水を入れて強火にかけ、煮立ったら中火にし、15分ほどゆでる。ゆで汁カップ¾を取り分ける。

4　鍋に取り分けたゆで汁、大根を入れ、軽く汁けをきったさばをのせ、Aの半量をかける。中火にかけ、さばにときどき煮汁をかけながら15分ほど煮る。

5　長ねぎ、Aの残りを加えて5〜6分煮て、ごま油をかける。

牛肉と青唐辛子の煮込み

日本人にもなじみのある甘じょっぱい味の煮もの。ほろほろに煮えた牛肉は食べやすく割いて盛りつけると、煮汁がよくからみます。トロトロに溶けかかったにんにくも絶品です。

材料 ✣ 2〜3人分

牛ももかたまり肉　400g

ゆで卵　4個

甘長唐辛子　4本

にんにく　4かけ

A
- 水　カップ4
- 酒　カップ½
- しょうが（薄切り）　1かけ分
- 長ねぎ（青い部分）　1本分

B
- しょうゆ　大さじ3
- 砂糖　大さじ1
- こしょう　少量

1　牛肉は3等分に切る。ゆで卵は殻をむく。にんにくは縦半分に切る。

2　鍋に牛肉、Aを入れて強火にかけ、煮立ったら弱めの中火にし、肉がやわらかくなるまで60〜90分ゆでる。

3　別の鍋に**2**の牛肉とゆで汁カップ1、にんにく、Bを入れ、強火にかける。煮立ったら弱火にし、20分煮る。

4　**3**の鍋に甘長唐辛子、ゆで卵を加えて上下を返しながら煮からめ、火を止める。

5　**4**の粗熱が取れたら、肉を食べやすく割いて器に盛る。甘長唐辛子、ゆで卵を切って添える。

万能だれ

以前通っていた韓国料理の教室で教わりました。「カルビチム(豚スペアリブの蒸し煮)」のたれ、焼き肉や豚キムチなど、肉料理全般に使えます。玉ねぎや梨の甘み、赤ワインやコチュジャンなどのうまみが混然一体となり、肉をよりおいしくする万能だれです。この本のレシピにも、万能だれで代用できる料理が数多く掲載されています。作っておくと本当に便利。わが家にとってはなくてはならない調味料となっています。

材料 ✣ 作りやすい分量
しょうゆ　カップ1
砂糖　カップ½
みりん　大さじ3
赤ワイン　大さじ3
コチュジャン　大さじ½
酢　大さじ½
こしょう　小さじ½
にんにく　4かけ
しょうが　1かけ
玉ねぎ　¼個
梨(またはりんご。皮をむく)　¼個

1　にんにく、しょうが、玉ねぎ、梨はざく切りにする。
2　すべての材料をミキサーにかける。

仕上がり ✣ 約500㎖
※密閉容器に入れて冷蔵で3か月保存可。

万能だれを使って

カルビチム

スペアリブを水にさらしてから下味をつけます。肉の雑味が抜け、すっきりとした味わいに。

材料 ✣ 4人分
豚スペアリブ　600g
じゃがいも　2個
大根　6㎝
にんじん　½本
ピーマン　2個
万能だれ（P.62参照）
　大さじ6＋2
ごま油　大さじ½
いり白ごま　少量

1　豚スペアリブはたっぷりの水に1時間ほど浸し、水けをふく。万能だれ大さじ6をもみ込み、1時間からひと晩おく。

2　じゃがいもは皮をむいて4つ割りにし、さっと洗う。大根は皮をむいて2㎝幅の半月切りにし、水から2〜3分ゆでる。にんじんは長さを半分に切り、縦4つ割りにする。ピーマンはひと口大に切る。

3　鍋に**1**とかぶるくらいの水を入れ、強火にかける。煮立ったらアクを取り除き、ふたをして中火にし、肉がやわらかくなるまで60〜90分煮る。火を止めて冷まし、脂を取り除く。

4　**3**の鍋にじゃがいも、大根、にんじん、万能だれ大さじ2を加えて中火にかけ、煮立ったらふたをし、煮汁が少し残る程度まで煮る。

5　ピーマン、ごま油を加えて2〜3分煮る。器に盛り、ごまをふる。

ご飯・麺

日本と同様に、韓国でもご飯や麺が主食。とくに、ご飯はふだんの献立に欠かせません。
麺はご飯よりも軽めな食事として親しまれています。

ご飯

P.65

代表的なキンパやビビンパのほかにも、チャーハン、炊き込みご飯、おかゆなどメニューいろいろ。

麺

P.74

冷麺がよく知られていますが、うどんのような小麦の麺も食べます。この本には出てきませんが、インスタントラーメンも人気です。

밥, 면

ご飯

キンパ

韓国風のり巻きは、酢飯ではなく、ごま油で風味づけしたご飯をベースにします。
わが家では朝食に、お弁当にと出番の多い一品です。
作りおきしておいたナムルがあると、この通り断面がぐっと華やかに。

材料 ✣ 2人分

温かいご飯　400g
ほうれん草のナムル
（P.13参照）　60g
にんじんのナムル（P.14参照）　60g
卵　2個
きゅうり（縦割り）　½本
たくあん（5㎜四方×長さ10㎝）　4本
かに風味かまぼこ　4本
焼きのり（全形）　2枚
えごまの葉　6枚
A ｜ごま油　小さじ2
　｜塩　小さじ¼
　｜いり金ごま　大さじ1
ごま油　適量
いり金ごま　適量

具の準備

・卵は割りほぐし、塩少量（分量外）を加えて混ぜ、卵焼きを作る。たくあんと同じくらいの幅と長さに切る。
・きゅうりは縦半分に切り、種を取り除く。
・かに風味かまぼこはほぐす。

1　ご飯とAを混ぜる。

2　ラップを30㎝四方に広げ、焼きのりをのせる。**1**のご飯半量をのせ、のりの向こう2㎝ほどを残して平らに広げる。

3　えごまの葉3枚を縦向きに並べ、手前から一文字にきゅうり、卵焼き、かにかま、ほうれん草のナムル、にんじんのナムル、たくあんの各半量をのせる。

4　ラップを持ち上げ、手前からきつめにひと巻きする。

5　ひと巻き目をギュッときつく締め、ラップの手前を巻き込まないように少し浮かしてさらにきつめに巻く。もう1本も同様に巻く。

ビビンパ

**ナムルは好みのものをのせればOK。
1種類でもいいんです。具とご飯と
コチュジャンが一体化するまで、
混ぜて混ぜて、さらにもっと混ぜて！**

材料 ✣ 2人分
温かいご飯　300g
牛切り落とし肉　150g
豆もやしのナムル（P.12参照）　60g
ほうれん草のナムル（P.13参照）　60g
にんじんのノムル（P.14参照）　60g
きのこのナムル（P.15参照）　60g
ズッキーニのナムル（P.17参照）　60g
A※｜しょうゆ　小さじ2
｜砂糖　小さじ1
｜酒　小さじ1
｜ごま油　小さじ1
｜にんにく（すりおろす）　小さじ½
｜すり白ごま　小さじ½
卵黄　2個分
コチュジャン　適量
※万能だれ（P.62参照）大さじ1½でも可。

1　牛肉は細切りにする。フライパンに入れ、Aを加えて手で混ぜる。中火にかけ、汁けがなくなるまでいりつける。
2　器にご飯を盛り、ナムル、**1**の肉、卵黄をのせ、コチュジャンを添える。全体をよく混ぜて食べる。

6　最後まで巻いたら5分ほどおいてご飯と具をなじませる。

7　ラップを外し、上面に刷毛でごま油をぬる。

8　1.5cm幅に切り、上面にごまをふる。

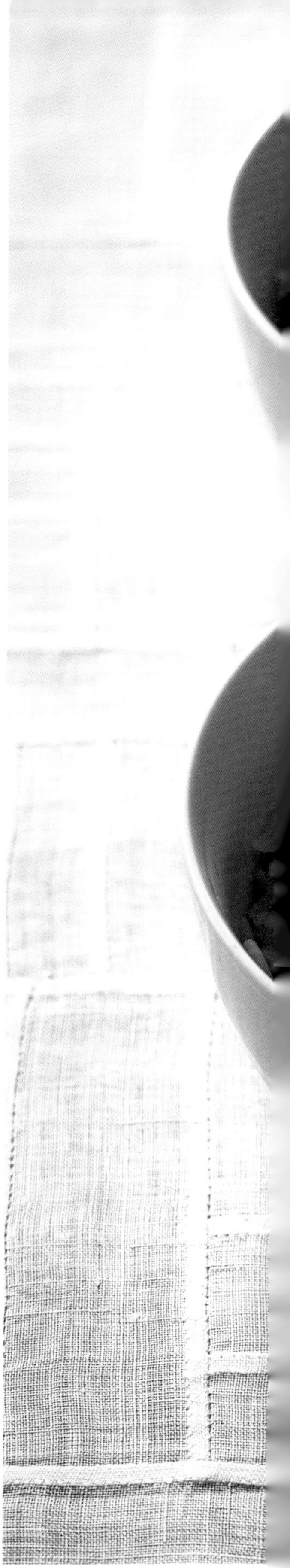

牛肉と豆もやしの炊き込みご飯

下味をもみ込んだ牛肉と豆もやしのうまみが調和した炊き込みご飯。

韓国はヤンニョム（＝たれ）文化。

そのまま食べてもおいしいけれど、たれで自分好みの味に仕上げるのが、このご飯の醍醐味です。

材料 ⁘ 2〜3人分

米　2合
牛切り落とし肉　150g
豆もやし　1袋（200g）

A※
- ごま油　大さじ½
- しょうゆ　小さじ1
- 砂糖　小さじ½
- こしょう　少量

水　360mℓ

B
- しょうゆ　大さじ2
- ごま油　小さじ1
- 粉唐辛子（粗びき）　小さじ½
- 小ねぎ（小口切り）　1本分
- すり白ごま　小さじ1
- にんにく（すりおろす）　小さじ½

※万能だれ（P.62参照）大さじ1½でも可。

1　米は洗ってざるに上げ、炊飯器の内がまに入れて分量の水を注ぎ、30分以上浸す。

2　牛肉は細切りにする。豆もやしは根を取り除く。

3　フライパンに牛肉、Aを入れて手で混ぜる。中火にかけ、肉の色が変わるまでいりつける。

4　**1**の内がまに**3**の肉と豆もやしをのせて普通に炊く。

5　Bをよく混ぜる。

6　**4**のご飯を混ぜて器に盛り、Bを適量かけて食べる。

キムチャーハン

おいしさのコツは、キムチの炒め方。
じっくり炒めることで、キムチがやわらかくなり、香りもしっかり立ちます。
とびこの色とプチプチした食感は、チャーハンの大事なアクセント。

材料 ✣ 2人分

温かいご飯　300g
白菜キムチ　150g
豚バラ薄切り肉　150g
ピーマン　2個
とびこ　40g
A※
- しょうゆ　小さじ1
- 酒　小さじ1
- 砂糖　小さじ½
- にんにく（すりおろす）　小さじ½

ごま油　大さじ1

※万能だれ（P.62参照）大さじ1½でも可。

1　白菜キムチはみじん切りにする。豚肉もみじん切りにし、Aをもみ込む。ピーマンは粗みじんに切る。

2　フライパンにごま油を中火で熱し、キムチを3〜4分炒める。豚肉を加えて炒め、肉に火が通ったらご飯を加えてムラなく炒める。ピーマンも加えてさっと炒める。

3　器に**2**を盛り、とびこをのせる。

かきと大根の炊き込みご飯

ふっくらプリプリのかきと、さっぱりホクホクの大根が後を引きます。
野菜をたっぷり加えたヤンニョム（たれ）は、
調味料と具の二役こなします。

材料 ❖ 2〜3人分

米　2合

むきがき（加熱用）　200g

大根　200g

水　360mℓ

A
- しょうゆ　大さじ2
- ごま油　大さじ1
- 粉唐辛子（粗びき）　小さじ½
- すり白ごま　小さじ1
- あみの塩辛　小さじ½
- にんにく（すりおろす）　小さじ½
- せり（みじん切り）　30g
- にら（みじん切り）　½束分
- 長ねぎ（みじん切り）　⅓本分
- 青唐辛子（みじん切り）　少量

1　米は洗ってざるに上げ、鍋に入れて分量の水を注ぎ、30分以上浸す。

2　かきは塩水（分量外）でふり洗いをし、さっと洗って水けをふく。大根は皮をむき、1㎝幅で8㎜厚さ2㎝長さに切る。

3　1の鍋を強火にかけ、煮立ったら中火にして大根とかきをのせ、ふたをして5分炊き、弱火にしてさらに10分炊く。火を止め、10分蒸らす。

4　Aをよく混ぜる。

5　3のご飯を混ぜて器に盛り、Aを適量かけて食べる。

あわびがゆ

特別な日や、おもてなしにおすすめ。
トロトロに煮えたお米とコリコリのあわびの、
食感の違いが楽しいおかゆです。
あわびの肝が、おいしさのキモ。
しっかり炒めて香りを引き出してから煮ます。
おかゆにはチャンアチ（P.39）がよく合います。

材料 ✣ 2人分
米　カップ¼
もち米　カップ¼
あわび　1個
にんにく（すりおろす）　小さじ½
ごま油　大さじ½
水　カップ3
塩　小さじ⅓
すり白ごま　少量

1　米ともち米は合わせて洗い、たっぷりの水に30分以上浸す。ざるに上げて水けをきる。
2　あわびは洗って殻から外し、くちばしを切り落とす。肝はみじん切りにし、身は薄切りにする。
3　鍋にごま油、にんにく、あわびの肝を入れて弱火にかけ、炒める。にんにくの香りが立ったら、**1**を加えて中火で炒める。
4　米が鍋底にはりついてきたら(a)、分量の水を加えてしっかり混ぜる。煮立ったらふたをして弱火にし、ときどき混ぜながら30分ほど煮る。
5　塩、あわびの身を加え、ひと煮する。器に盛り、ごまをふる。

「くちばし」と呼ばれるあわびの口の部分は、とてもかたいので、山形に切り落とします。

ひと口食べれば、
うまみが広がる！

とろとろのスープを
たっぷりからめて

麺

コングクス

真っ白な大豆のスープで食べる、冷たい麺料理。
ゆでた大豆とごまをミキサーにかけ、ポタージュのような濃厚スープに。
食欲のない夏のたんぱく源にもおすすめです。

材料 ✣ 2人分
冷や麦　100g
大豆(乾燥)　カップ1(150g)
いり白ごま　大さじ4
昆布だし　カップ2½〜3
塩　小さじ⅓
いり金ごま　少量

1　大豆は水で洗い、たっぷりの水に6〜8時間浸す。

2　大豆の水けをきって鍋に入れ、かぶるくらいの水を注ぐ。強火にかけ、煮立ったら中火で20分ほどゆでる。ざるに上げて水けをきる。

3　**2**の大豆、白ごま、昆布だし、塩をミキサーにかける。なめらかになったら、冷蔵室で冷やす。

4　冷や麦はたっぷりの湯で表示時間通りにゆで、冷水にとって水けをきる。

5　器に**4**を盛り、**3**をかけて金ごまをふる。

大豆の粒が残らないように、しっかりとミキサーにかけます。ゴムべらですくってみて、ぽってりとしたとろみがあればOK。かたければ水を適宜足しましょう。

ビビンメン

ゆでた冷麺を甘辛いたれで和えた料理がビビンメン。
ビビンメン用の特製だれは自信作。フルーティーな香りが食欲をそそります。
冷凍で約1年はもつので、多めに作っても。

材料 ⁘ 2人分

冷麺　200g
大根　5cm
きゅうり　1本
ゆで卵　1個
A
- 酢　大さじ1
- 砂糖　大さじ1
- 塩　小さじ½

塩　小さじ⅕

B
- 酢　大さじ3
- コチュジャン　大さじ1
- 砂糖　大さじ1
- しょうゆ　大さじ½
- 梅シロップ（煮切った梅酒でも可）大さじ½
- 粉唐辛子（細びき）小さじ1
- 塩　小さじ⅓
- 赤パプリカ　½個
- 梨（またはりんご。皮をむく）¼個
- 玉ねぎ　⅛個
- にんにく　1かけ

1　大根は皮をむいて短冊切りにし、Aをからめる。きゅうりは大根と同じ大きさに切って塩をふり、しんなりしたら水けをしぼる。ゆで卵は殻をむいて半分に切る。

2　Bのパプリカ、梨、玉ねぎはざく切りにする。Bのすべての材料をミキサーにかけ、なめらかになるまでかくはんする。

3　冷麺はたっぷりの湯で表示時間通りにゆでる。冷水にとり、水けをしぼる。

4　冷麺を**2**で和える。器に盛り、汁けをきった大根、きゅうり、ゆで卵をのせる。

韓国の冷麺はそば粉を使ったものや、じゃがいもやさつまいものでんぷんでできたものなど、いくつか種類があります。どれで作ってもかまいません。

あさりうどん

にごりのない清らかなスープには、あさりのエキスと煮干しのうまみがいっぱい。
つるつるとのどごしのよい稲庭うどんがよく似合います。
お酒のあとのシメの一杯にも。

材料 ✣ 2人分
稲庭うどん　200g
あさり　200g
じゃがいも　小1個
ズッキーニ　½本
長ねぎ　5cm
煮干しだし（P.7参照）　カップ4
塩　小さじ½

1　あさりは3%の塩水（分量外）に浸して1〜2時間砂抜きをし、殻をこすり合わせながら洗う。
2　じゃがいもは皮をむいて7〜8mm厚さ5〜6cm長さに切り、さっと洗う。ズッキーニは斜め薄切りにし、細切りにする。長ねぎは細切りにする。
3　稲庭うどんはたっぷりの湯で少しかためにゆで、冷水にさらしてしめ、水けをきる。
4　鍋に煮干しだしを入れて強火にかけ、煮立ったら中火にしてあさり、じゃがいもを加える。再び煮立ったらズッキーニ、長ねぎ、**3**のうどんを加え、2〜3分煮て塩で味をととのえる。

ジャジャンミョン

ゆでた麺に甘い肉みそをとろ〜りかけて。
中国からの移民が伝えたとされる麺料理です。
韓国では春醤（チュンジャン）という黒い甘みそを使いますが、
手に入りやすいテンメンジャンでアレンジ。
肉だけだと寂しいので、野菜もたっぷりと。
食べごたえも栄養もアップします。

よ〜く混ぜて
いただきます

材料 ❖ 2人分

冷や麦　200g
豚肩ロース肉（とんカツ用）　1枚
玉ねぎ　½個
しいたけ　2枚
にんじん　⅓本
酒　大さじ½
しょうがのしぼり汁　大さじ½
A｜テンメンジャン　大さじ5
　｜しょうゆ　小さじ1
　｜酢　小さじ1
水　カップ1
B｜水　大さじ2
　｜片栗粉　大さじ1
油　大さじ1
たくあん（薄切り）　6切れ

1　豚肉は1cm角に切り、酒、しょうが汁をもみ込む。

2　玉ねぎ、しいたけ、にんじんは1cm角に切る。

3　フライパンに油を中火で熱し、豚肉を炒める。肉の色が変わったら、**2**の野菜を加えて炒め、油がまわったら**A**を加えていりつける。

4　**3**に分量の水を加え、煮立ったらアクを取り除き、6〜7分煮る。**B**を溶いて加え、とろみをつける。

5　冷や麦はたっぷりの湯で表示時間通りにゆで、ざるに上げて水けをきる。器に盛って**4**をかけ、たくあんを添える。

お酒の時間

ワイワイ楽しみながらお酒を飲むのが、韓国の流儀。
ビールに韓国焼酎、マッコリなど、それぞれのお酒に合うおつまみが決まっています。

おつまみ

P.81

フライドチキンには「ビール」を、
居酒屋の定番つまみには韓国焼酎の「ソジュ」を合わせます。

チヂミとジョン

P.88

チヂミとジョンには「マッコリ」がよき相棒に。
お酒を飲まない子どものおやつや夜食にもぴったり。

술의 시간

おつまみ

ヤンニョムチキン

フライドチキンに
甘辛いたれをからめた、韓国の国民食。
チキンとメクチュ（ビール）のセットは
「チメク」と呼ばれるほどの絶対的コンビ。

材料 ✤ 2〜3人分

鶏もも肉　1枚
鶏むね肉　1枚

A
- 酒　大さじ1
- 塩　少量
- こしょう　少量

B
- 薄力粉　大さじ5
- 片栗粉　大さじ1
- 牛乳　大さじ4
- ごま油　大さじ½

C
- コチュジャン　大さじ1
- トマトケチャップ　大さじ1
- 水　大さじ1
- オリゴ糖　大さじ1
- しょうゆ　大さじ½
- レモンのしぼり汁（または酢）　大さじ½
- いり金ごま　大さじ½
- にんにく（すりおろす）　小さじ1

揚げ油　適量
好みでいり白ごま　適量

1　鶏肉はそれぞれひと口大に切り、Aをもみ込んで10分ほどおく。

2　B、Cはそれぞれよく混ぜる。

3　揚げ油を180℃に熱し、**1**にBをしっかりからめて入れる。衣がかたまり、白っぽくなるまで3〜4分揚げ、いったん取り出す。
※揚げ油に入れたら、すぐにいじらないこと。ひと呼吸おいたら、菜箸でときどき混ぜながら揚げます。

4　揚げ油を190℃に上げ、鶏肉を戻し入れる。衣にこんがりと色がつき、カリッとするまで3〜4分揚げる。
※油の温度を上げることで、衣がカリッと揚がります。

5　Cに**4**の鶏肉を入れて和える。器に盛り、好みでごまをふる。

チキンに添えたい副菜

チキンム

材料 ✤ 作りやすい分量

大根　300g

A
- 酢　大さじ3
- 砂糖　大さじ3
- 水　大さじ3
- 塩　小さじ½

1　大根は皮をむいて1.5㎝角に切る。
2　Aをよく混ぜ、大根をひと晩漬ける。
※冷蔵で1週間保存可。

韓国風から揚げ

しっとり揚がった鶏肉もおいしいけれど、
主役は上新粉を加えた衣。カリカリの上をゆく
「ガリガリ」の歯ごたえに感動します。
専用のソースで味変も楽しんで。

材料 ✣ 2〜3人分

鶏もも骨つき肉(ぶつ切り)　600g

A
- 牛乳　カップ½
- レモンのしぼり汁　大さじ1
- にんにく(すりおろす)　大さじ½
- しょうが(すりおろす)　小さじ1
- 塩　小さじ½

B
- 薄力粉　カップ1
- 上新粉　カップ¼
- 粉唐辛子(細びき)　小さじ1
- 塩　小さじ½
- こしょう　小さじ½

揚げ油　適量

1　Aはよく混ぜ、鶏肉を浸して1時間からひと晩おく。
※牛乳とレモン汁の効果で、鶏肉がやわらかくなります。

2　Bはよく混ぜる。**1**の鶏肉は汁けをきらずにB大さじ3〜4と混ぜ、ぺたっとした状態にする。

3　バットに残りのBを広げ、鶏肉1切れずつにやさしくまぶし、5分ほどおく。
※鶏肉に粉をまぶしたらすぐに揚げず、5分おくことで衣と鶏肉がなじみます。

4　揚げ油を180℃に熱し、鶏肉を入れる。衣がかたまり、白っぽくなるまで6〜7分揚げ、いったん取り出す。
※揚げ油に入れたら、すぐにいじらないこと。ひと呼吸おいたら、菜箸でときどき混ぜながら揚げます。

5　揚げ油を190℃に上げ、鶏肉を戻し入れる。衣にこんがりと色がつき、カリッとするまで2〜3分揚げる。
※油の温度を上げることで、衣がカリッと揚がります。

から揚げソース

材料 ✣ 2〜3人分

水　大さじ4
しょうゆ　大さじ2
砂糖　大さじ1
酢　大さじ1
オリゴ糖　大さじ1
片栗粉　小さじ1
オイスターソース　小さじ1
にんにく(たたく)　小さじ1

1　小鍋にすべての材料を入れて中火にかけ、混ぜながらひと煮立ちさせる。

豚キムチ炒め

炒めものには、発酵が進んで酸っぱくなったキムチのほうが、
味が決まります。豚肉にはしっかりと下味をもみ込んで。
この2つのコツで、いつもの豚キムチがレベルアップ。

材料 ✣ 2人分

豚バラ薄切り肉　150g
白菜キムチ　200g
玉ねぎ　½個
にら　1束
A※
| 砂糖　小さじ1
| 酒　小さじ1
| しょうゆ　小さじ1
| コチュジャン　小さじ1
| にんにく（すりおろす）　小さじ1
油　大さじ½
ごま油　少量

※万能だれ（P.62参照）大さじ1½でも可。

1　豚肉は5〜6㎝長さに切り、Aをもみ込む。白菜キムチは2㎝長さに切る。玉ねぎは1㎝幅のくし形に切る。にらは5〜6㎝長さに切る。

2　フライパンに油を中火で熱し、豚肉を炒める。火が通ったらキムチを加え、2〜3分炒める。

3　**2**に玉ねぎを加えて炒め、しんなりしたらにらを加えて手早く炒める。仕上げにごま油を加える。

豆腐ステーキ

韓国の家庭で作られるヘルシーおつまみ。
カリッと焼いた豆腐に、香味野菜たっぷりの甘酸っぱいたれをかけて。
韓国の焼酎がクイクイ進んでしまいます。

材料 ⁘ 2人分

木綿豆腐　1丁（300g）
長ねぎ　5cm
にら　4本
ししとう　4個
A｜しょうゆ　大さじ1
｜酢　大さじ½
｜砂糖　大さじ½
｜ごま油　小さじ½
｜粉唐辛子（粗びき）　小さじ½
｜すり白ごま　小さじ½
｜にんにく（すりおろす）　小さじ½
片栗粉　適量
油　大さじ2

1　豆腐はキッチンペーパーに包んで軽く重しをし、20分ほどおいて水きりをする。

2　長ねぎはみじん切りにする。にらは小口切りにする。ししとうはへたと種を取り、みじん切りにする。これらとAをよく混ぜる。

3　**1**の豆腐は6等分に切り、片栗粉を薄くまんべんなくまぶしてバットに並べ、しっとりするまでおく。

4　フライパンに油を中火で熱し、豆腐の両面を2〜3分ずつ焼く（焼き色がつきすぎないように注意）。

5　器に**4**を盛り、**2**のたれをかける。

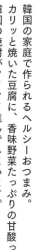

ふんわりで
しっとり！

ケランチム

韓国の茶わん蒸しはとてもおおらか。具は無くてもOK。
少しくらい「す」が入っても気にしません。
卵液がヨーグルトのようにとろんとするまで、
手を止めず混ぜ続けることが、ふんわり仕上げる唯一のコツ。

a

b

材料 ✣ 2人分

卵　2個
煮干しだし（P.7参照）　150mℓ
あみの塩辛　小さじ½
にんにく（すりおろす）　少量
小ねぎ（小口切り）　1本分

1　小さめの土鍋に卵、煮干しだし、あみの塩辛、にんにくを入れ、しっかり混ぜる（a）。

2　**1**の鍋を強火にかけ、スプーンで手早く混ぜ続ける。卵がかたまってきてヨーグルトのようにとろりとしてきたら（b）、ごく弱火にしてふたをする。30秒ほどして、プクプクと少し沸騰したら火を止め、30秒ほど蒸らす。

3　ふたを取り、小ねぎをのせる。

チヂミとジョン

香味野菜のチヂミ

日本のお好み焼きと違い、
粉を少なめにして野菜の個性を生かします。
小麦粉はカリッと焼ける中力粉を使用。
野菜の香りを楽しみたいから、
生地を焦がさないように弱めの火加減で
じわじわ焼くのがポイント。

材料 ✣ 2人分
にら　½束
せり（または香菜）　50g
えごまの葉　10枚
中力粉　カップ½
塩　小さじ⅕
水　カップ¼
たれ
　しょうゆ　大さじ1
　酢　大さじ½
　ごま油　小さじ½
油　大さじ2

1　にら、せりは3㎝長さに切る。えごまの葉は縦半分に切り、5㎜幅に切る。

2　ボウルに**1**を入れ、中力粉、塩を加えて手でまぶす。

3　分量の水を少しずつ加え、粉っぽさがなくなるまで菜箸で混ぜる。
※水っぽさがなく、野菜と粉が、かろうじてつながっているくらいの混ぜ具合が理想的。

4　フライパンに油を弱めの中火で熱し、**3**の生地を入れて7㎜厚さに広げ、両面を4〜5分ずつ焼く。食べやすく切って器に盛り、たれの材料を混ぜて添える。
※焼き始めに菜箸でツンツン穴をあけると、油や蒸気がチヂミの表面までまわり、カリッと焼けます。

ピンデトック

緑豆で作るチヂミのこと。韓国では屋台の人気おつまみで、もっちりまろやか味のチヂミが、甘酸っぱいマッコリと相思相愛の組み合わせ。火の通りにくい生地なので、焦らず時間をかけて焼きましょう。

材料 ∵ 4人分

緑豆(皮つき)　カップ½
緑豆(皮なし)　カップ½
もち米　カップ¼
豚ひき肉　100g
もやし　½袋(100g)
白菜キムチ　100g
小ねぎ　4本
A※
　しょうゆ　小さじ½
　みりん　小さじ½
　にんにく(すりおろす)　小さじ½
※万能だれ(P.62参照)大さじ1でも可。
B
　ごま油　少量
　塩　少量
C
　水　大さじ6〜7
　塩　小さじ½
油　大さじ2
たれ
　しょうゆ　大さじ1
　酢　大さじ1
　ごま油　小さじ½

韓国では、皮つきと皮なしの緑豆が売られています。ミックスして袋詰めされたものも多く見かけます。

1　緑豆ともち米は合わせて洗い、たっぷりの水に6〜8時間浸す。

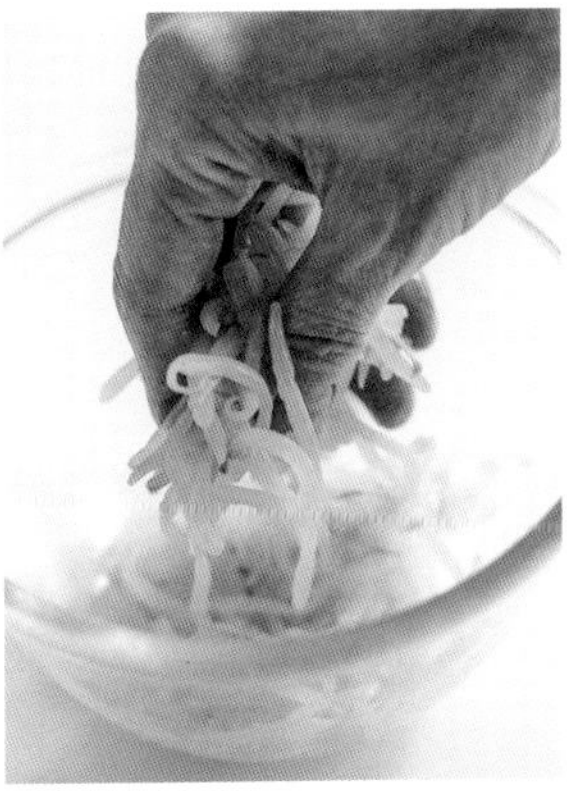

2　ひき肉はAと混ぜる。もやしは耐熱ボウルに入れてラップをふんわりとかけ、電子レンジ(600W)で2分加熱し、水けをしぼってBを加え、手で混ぜる。白菜キムチはみじん切りにする。小ねぎは2cm長さに切る。

3　1の水けをきり、Cとともにミキサーにかけ、なめらかになるまでかくはんする。
※ゴムべらですくったときにぽてっと落ちるくらいまでかくはんしましょう。かたければ、水を足して調節してください。

4　ボウルに2、3を入れ、さっくり混ぜる。

5　フライパンに油を弱火で熱し、4の生地を大きめのスプーンなどですくい、1cm厚さ直径5cmくらいに丸く広げる。

6　ふたをして両面を10分ずつ蒸し焼きにする。器に盛り、たれの材料を混ぜて添える。
※生地の材料が豆と米なので、火が通るまで時間がかかります。焦げないようにときどき確認しながらじっくり焼きましょう。

キムチチヂミ

キムチそのものではなく、キムチの「汁」で作るチヂミ。
酸味やうまみが豊富な汁も余さずに使いきるアイデアに拍手！

材料 ✣ 2人分
中力粉　カップ1
上新粉　カップ½
えごまの葉　5枚
A　水　カップ1
　キムチの汁　カップ¼
　コチュジャン　大さじ1
油　大さじ1

1　えごまの葉はざく切りにする。
2　ボウルに中力粉と上新粉を入れてよく混ぜ、Aも加えてしっかり混ぜ、1時間ほどおく。
3　**2**に**1**を加える。
4　フライパンに油を弱火で熱し、**3**の生地を入れて5㎜厚さに広げる。両面を5〜6分ずつ焼く。

＊中力粉の代わりに薄力粉を使用してもよいですが、中力粉のほうがうまみがあります。他も同様。

じゃがいものチヂミ

すりおろしたじゃがいもから出た「でんぷん」を活用。
ちぎってたれをつけて食べます。もちもち食感のとりこに。

材料 ✣ 2〜3人分
じゃがいも　2個（260g）
片栗粉　大さじ1
塩　小さじ¼
青唐辛子（小口切り）　3切れ
赤唐辛子（小口切り）　3切れ
たれ
　酢　小さじ2
　しょうゆ　小さじ2
　いり金ごま　小さじ1
油　大さじ1

1　じゃがいもは皮をむく。ボウルにざるを重ねたところにじゃがいもをすりおろし、2分ほどおく。
2　ボウルにたまった汁の上澄みを捨て、残ったでんぷん、すりおろしたじゃがいも、片栗粉、塩をよく混ぜる。
3　フライパンに油を弱火で熱し、**2**の生地を入れて7㎜厚さに広げる。5分ほど焼き、ひっくり返して3分ほど焼く。器に盛って中央に唐辛子をのせ、たれの材料を混ぜて添える。

大根のナムルのジョン

ナムルの味と香りを生かしたいから、
きつね色にならないように、弱火でじわじわ焼きます。

材料 ✣ 2人分
大根のナムル(P.16参照)　100g
中力粉　カップ½
水(または煮干しだし。P.7参照)　カップ¼
塩　少量
たれ
　酢　大さじ1
　しょうゆ　大さじ1
油　大さじ2

1　ボウルに大根のナムル、中力粉を入れてやさしく混ぜ、分量の水を少しずつ加えて混ぜる。

2　フライパンに油を弱火で熱し、**1**の生地を大きめのスプーンなどですくい、7㎜厚さ直径5㎝くらいに丸く広げ、こんがりと色がつかないように両面を5分ずつ焼く。器に盛り、たれの材料を混ぜて添える。

ズッキーニのジョン

シンプルかつ、繊細な味。ズッキーニのみずみずしさと
卵のやさしい甘みにリピート必至!

材料 ✣ 2人分
ズッキーニ　1本
卵　1個
中力粉　適量
たれ
　しょうゆ　大さじ1
　酢　大さじ½
　ごま油　小さじ½
油　大さじ½

1　ズッキーニは7㎜厚さに切る。卵は割りほぐす。

2　ズッキーニに中力粉を薄くまぶし、卵液をからめる。

3　フライパンに油を弱火で熱し、**2**を並べて入れ、両面を5〜6分ずつ焼く。器に盛り、たれの材料を混ぜて添える。

お酒のあとに…

おいしいおつまみやお酒があると、つい飲みすぎてしまうことも。そんなときにきまって作るのが、「プゴク（干しだらのスープ）」です。

韓国では、酔い覚ましや滋養のためのスープを「ヘジャンク」と呼び、飲んだ翌朝に食べる習慣があります。なかでもプゴクは、お酒飲みの人たちに最も好まれているスープといわれています。

干しだらには、たんぱく質、ビタミン、カルシウムなどさまざまな栄養が含まれており、肝臓の働きを促すことから、韓国では二日酔いによい食材として親しまれています。最近では、美肌効果も期待できるとあって、お酒を飲まない女性からも注目されています。

私もこのスープを作るようになってから、飲んだ翌日も体調がすっきり整うようになりました。体にやさしい韓国のスープで、どうぞ良い一日をスタートさせてください。

干しだらのスープ

干しだらと煮干しのうまみが、じんわりと体にしみ入ります。
スープの中にご飯を入れてクッパにしてもおいしい。

材料 ❖ 2人分
干しだら　30g
大根　4cm
木綿豆腐　½丁（150g）
卵　1個
A｜ごま油　小さじ2
｜にんにく（たたく）　小さじ1
｜魚醤　小さじ1
煮干しだし（P.7参照）　カップ3
あみの塩辛　小さじ1
わけぎ（小口切り）　2本分
粗びき黒こしょう　少量

1　干しだらはさっと水にくぐらせ、キッチンばさみで食べやすい大きさに切る。
2　大根は皮をむいて拍子木切りにする。豆腐は大根と同じ大きさに切る。卵は割りほぐす。
3　鍋に干しだらとAを入れてよく混ぜ、中火にかけて軽くいりつける。煮干しだし、大根を加え、煮立ったらアクを取り除いて10分ほど煮る。
4　あみの塩辛、豆腐を加え、溶き卵を回し入れて火を止める。
5　器に盛り、わけぎをのせてこしょうをふる。

乾燥させたすけとうだら。丸干しや開き、割いたものなどさまざまあるが、どれを使ってもＯＫ。

藤《ふじ》井《い》 恵《めぐみ》

雑誌、書籍、テレビなどさまざまな分野で活躍する料理研究家、管理栄養士。おかず、お弁当、おつまみなど、作る人に寄り添い、わかりやすくておいしいレシピにファンが多い。ベストセラーの『藤井弁当　お弁当はワンパターンでいい！』(小社刊)ほか、著書多数。韓国料理を研究して20年あまり。今回は膨大なマイレシピのなかから、日本人にも親しみがあり、おいしく、しかもヘルシーな料理をセレクトした。Instagramでは、ふだんの食生活のほか、韓国料理や韓国旅行についても発信している。

Instagram　@fujii_megumi_1966

STAFF

デザイン　植田光子
撮影　竹内章雄
スタイリング　大畑純子
校正　聚珍社
編集・構成　佐々木香織
企画・編集　小林弘美(Gakken)

藤井恵さんの
わが家のとっておき
韓国ごはん

2023年3月31日　第1刷発行

著　者　藤井 恵
発行人　土屋 徹
編集人　滝口勝弘
発行所　株式会社Gakken
〒141－8416 東京都品川区西五反田2－11－8
印刷所　大日本印刷株式会社

※この本に関する各種お問い合わせ先
■本の内容については下記サイトのお問い合わせフォームよりお願いします。
https://www.corp-gakken.co.jp/contact/
■在庫については　販売部　TEL 03－6431－1250
■不良品(落丁、乱丁)については　TEL 0570－000577
学研業務センター　〒354－0045 埼玉県入間郡三芳町上富279－1
■上記以外のお問い合わせは　TEL 0570－056－710(学研グループ総合案内)